图解中国传统服饰

我在明朝穿什么

陆楚翚 —— 著

本书绘图

周馨怡（服饰形制示意图）

洛中

蚯蚓子ｗｗｗ

春栀

江苏人民出版社

图书在版编目（CIP）数据

我在明朝穿什么 / 陆楚翚著. -- 南京：江苏人民
出版社，2022.5（2023.3 重印）
（图解中国传统服饰）
ISBN 978-7-214-27151-8

Ⅰ.①我… Ⅱ.①陆… Ⅲ.①服饰文化－中国－明代
－图解 Ⅳ.①TS941.742.48-64

中国版本图书馆CIP数据核字(2022)第060157号

书　　　　名	我在明朝穿什么	

著　　　者	陆楚翚
项 目 策 划	凤凰空间 / 翟永梅
责 任 编 辑	刘　焱
特 约 编 辑	翟永梅
出 版 发 行	江苏人民出版社
出版社地址	南京市湖南路1号A楼，邮编：210009
总 经 销	天津凤凰空间文化传媒有限公司
总经销网址	http://www.ifengspace.cn
印　　　刷	雅迪云印（天津）科技有限公司
开　　　本	710 mm×1 000 mm　1/16
印　　　张	15
版　　　次	2022年5月第1版　2023年3月第3次印刷
标 准 书 号	ISBN 978-7-214-27151-8
定　　　价	88.00元

（江苏人民出版社图书凡印装错误可向承印厂调换）

前言

　　张爱玲坚信晒衣衫的日子最适合拜访中国人。在或明媚或昏黄的阳光下，客人将看到主人家祖祖辈辈传下来的衣服在抖动之后被小心翼翼地挂在晾衣杆上，随自己的节奏纷纷扬扬地飘飞。

　　然而世事总是无常，没有什么可以永不陨落。先人们的绫罗绸缎恍然间被西方时尚潮流替代。所有附着在衣衫上的挣扎、奋斗、甜蜜、怅惘甚至是痛苦，亦湮没在巨大且持续的变革中，淡得嗅不到一点气息。

　　我们固然可以去博物馆追寻那些往事。但即便将额头紧紧贴在玻璃橱窗上，也很难从静默的文物中感受到理性与浪漫、恪守制度与打破常规等力量之间的激烈碰撞。哪怕再不情愿，也只能在玻璃橱窗散发的丝丝凉意中承认，让早已退出生活的服饰以最鲜活的姿态再次演绎社会之复杂、世态之炎凉、人性之善恶几乎成为不可能。它们早已永远地逝去了。

　　因此，我们很难通过孤零零的文物捕捉先人的气息，更不用说长久以来我们习惯于只关注寥寥几位帝王将相或是后妃。我不是说关注知名精英实属多余，只是如此一来，我们的视角变得十分有限。有限到除了几个符号化的形象，我们对普通人曾经的生活知之甚少。

　　倘若不信，先来看看这些有趣的问题：明代的顶级奢侈品是什么？明代人也赶时髦吗？时尚教父又是谁？他们如何带领弄潮儿们穿女装？人们眼中的女神有怎样的风范？妆容真如古风小说女主那般走极简风格？普通人的装束到底是怎样的？只能像古装剧演的那般穿得灰扑扑甚至衣衫褴褛吗？在没有空调、雪纺面料以及羽绒制品的时代，人们该怎样穿才能安然度过酷暑和寒冬？参加一场正式筵席，怎样穿搭才不会出洋相？如果不小心穿错了衣服，会不会小命不保……

我相信大家对这些贴近实际生活的问题会非常感兴趣。正因为这些问题尚未完全得到解决，我才有机会向大家展示我的成果。请允许我先搭建一个特定的场景。当看到生活在这里的鲜活身影时，我们方能获得沉浸式体验，对服饰的理解也将比看孤零零的文物深刻许多。

　　一位站在银铺中的妇人吸引了你。她正接过一只描金方盒，盒子里装着一件金镶玉观音满池娇分心，一对宝石坠子并几支花翠。

　　从妇人与银铺掌柜的交谈中得知，她是一位专为富贵女眷梳头的职业女性。雇主是本地数一数二的大户，经营着一家颇具规模的绸缎铺和一家印子铺，娶了卫所千户的女儿为妻。盒中的首饰正是女主人最新定制的，用来搭配从杭州购置的衣裙。

　　于是你的心中充满好奇，想见见识识女主人的妆容，看看是否和电视剧中的妆造一样。

　　见了女主人后，你感到庆幸：女主人的交际网如神经末梢般发达，深入社会中下层。她出现的场合，譬如拜访、祝寿、婚丧、岁时节令等，人们穿戴的服饰与电视剧相比是那么的不同。而用于这些场景的服饰，甚至颠覆了我们以往的认知。

　　讲到这里，你们可能已经发现本书内容的框架，即搭建三十个与生活息息相关的虚拟场景，以便细致地勾勒不同社会阶层的服饰和相关的礼俗，展示一幅更全面的明代生活画卷。

　　你不用担心脑海中无法呈现服饰的轮廓，我已经把文献资料转换为图片，让大家看到不一样的大明衣冠。你也不用担心彩绘中服饰不考究，它们全部采用接近真人的身体比例，竭尽全力展示文物穿上身的真实状态。

　　让大家从往昔中觑得不同的风景，触摸到不同的美是我最大的心愿。若你因我的讲述而感受到它们的魅力，我的目的便达到了。

陆楚翚

2022 年 4 月

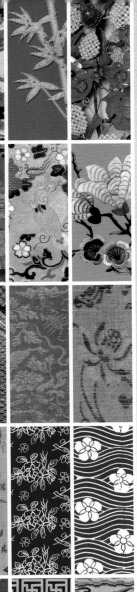

目录

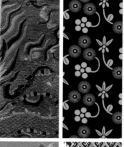

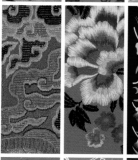

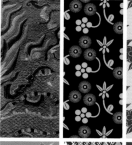

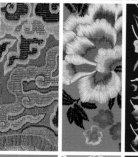

一窥古人着装奥秘……

第一章

女性夏季
日常装束

场景一　女主人于家中休闲纳凉

- -

　　六月的某一天，在一座带七间门面的五进深豪宅中，女主人正独自一人穿珠花。她仅披一件无袖纱衫，露着胸和纤腰。但她不用担心会被卫道士们跳出来破口大骂，更不用提防被陌生男子看了胳膊，因为在夏日中的私密场合，男女老少习惯于只穿内衣避暑。

🌀 一、女性的内衣有什么

　　在明代，即使在私密场合，女性下半身的装束也较为保守，多会在小衣外整整齐齐地束着裙、裤、膝裤三样。相比之下，上半身的装束往往较为散漫，单独穿一件抹胸，单独穿一件汗衫（褂），同时穿抹胸和汗衫（褂），或者舍弃内衣只穿纱衫都可以。

　　抹胸、汗衫、小袄和小衣都是女性的内衣。

穿纱汗褂、裙、裤、膝裤的少女
清，孙璜绘《仕女团扇图页》局部

（一）　抹胸

　　抹胸又名襕裙、主腰，相当于现代的文胸。两者用途虽一致，功用却不尽相同。

　　在明朝人眼中，丰满的胸部是灾难，小巧玲珑才动人。因此抹胸就是一块长方形布料，既不用钢丝圈固定，也不塞入海绵垫。它的最大作用是抹平女性的身体曲线，令那抹倩影在层层叠叠的衣衫之中更惹人爱怜。

穿抹胸的妖怪
明内府彩绘本《唐玄奘法师西天取经全图》插画局部

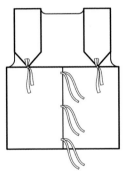

妖怪所穿抹胸形制示意图

日常抹胸

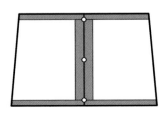

日常抹胸形制示意图

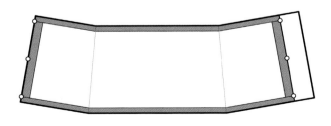

日常抹胸形制示意图（展开）

（二）　汗衫

衫有外衣之意，前面加个"汗"字就成了不能在大庭广众之下露出的内衣。

汗衫样式简单，款式多样。衣身有长有短，袖子分无袖、半袖、长袖，领襟样式有直领对襟、无领对襟、竖领对襟以及竖领大襟等。如其多变的款式，汗衫的称谓会因南北地域差异而产生变化。江南人称这种贴身内衣为"汗衫"，北方人则称它为"汗褂"；无领无袖的汗衫又名背心，但杭州人习惯称它为"搭脊"。无论叫什么，都不影响贪图凉快的女主人换上竖领对襟无袖汗褂。

采莲少女穿着不同样式的汗衫（汗褂）
传明代项元汴藏《荷塘消夏》立轴局部
周馨怡摄于 2018 年保利秋拍

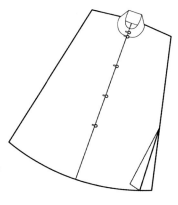

竖领对襟无袖汗褂
形制示意图

（三）　小衣，是衣还是裤？

很多人认为古人是直接穿裤子的，然而事实并不是这样：明代不仅有内裤，而且还是合裆的。

之所以产生这种误会，大部分归咎于人们缺乏对历史细节的了解，不过明代内裤的名称也要承担"责任"。好好一条裤子，怎么可以叫"小衣"？更何况小衣一点也不小，它很像现代宽松的沙滩裤，靠缝缀在裤腰处的系带固定。

小衣形制示意图

穿汗衫和小衣的少年
明，戴进绘《太平乐事册页》局部

（四）　小衣与人的尊严

看似简单的东西往往有着大用处。小衣不仅满足人们的生理需求，还维护着他们最后的尊严。

在古画中，无论是被判了死刑的犯人，还是犯了错误的普通男女，即便被脱去所有的衣物实施惩戒时，仍会留着小衣。但在当时，其实连小衣也会被褪去，也就是人赤裸着整个身体被打屁股，这种在众目睽睽之下进行的惩戒是莫大的羞辱，甚至比杖责本身更难以忍受。

🌀 二、与现代大不同的明朝裤子

（一）　裤子的形制

　　明代民间女性的裤子不仅很是肥大，而且比较短。它的长度一般在 80 到 90 厘米，有的甚至只有 70 多厘米。穿在身上，就像现代的八分裤、九分裤。裤腿如此短恐怕与还要束一条膝裤有关。脱了膝裤单看，松松垮垮的女裤竟隐隐带上几分叛逆的嘻哈风格，与现代的八九分裤一起站在了时尚轮回的两端。

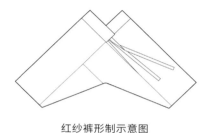

红纱裤形制示意图

女主人的红纱裤

（二）　裤子到底该怎么穿？

　　受传统的影响，古人一度习惯穿开裆裤。有人心生疑虑：成年之后还穿开裆裤，不利于身心健康吧？

　　是时候弄明白古代裤子的种类和穿着程式了。古代的裤子可以分为两大类，一种叫“裈”，一种叫“袴”。裈即内裤，有裆；袴又名“胫衣”，最初仅为两条裤管，当然也可做一条裤腰与裤管缝缀在一起。这两种裤子到底该怎么穿呢？自然是套穿。即贴身穿有裆的裈，然后穿一条开裆的袴。袴较现在的时装裤肥大许多，即使里面夹一层厚厚的棉絮也不影响剧烈运动。

　　宋代之后，合裆的裤子慢慢代替袴，成为日常装束的主流。反倒是欧洲女性因为裙撑，直到 20 世纪初还穿着开裆内裤。

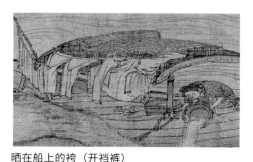

晒在船上的袴（开裆裤）
北宋，张择端绘《清明上河图》局部

❤ 三、日常生活中的着装礼仪

在私密场合中，古人可以暂时抛开礼数。洒脱豪放的人甚至肆无忌惮，全身赤裸着躺在凉榻上。然而明代人的私密场合并不多，很多时候仅指无人拜访的卧室。一旦有人拜访，它立刻转化为公共场合。此时再只穿内衣待人接物，那可有失礼数了。

女主人深谙此项基本社交礼仪，在得知闺蜜前来拜访后，她立即描眉画眼，整理衣衫。

场景二
女主人的短视频拍摄现场

倘若明代也有短视频，女主人定会摆好姿势拍上一段。视频中的她一手托起香腮，一手挥扇，露出缠着金条脱的皓腕。逆着阳光，罩在纱衫、纱裙内的大红抹胸和大红纱裤因此变得更加妩媚。

粉丝们会更加疯狂地刷着弹幕：

天啊，她打扮得简直像位观音！

她的衫裙竟然是用白色银条纱裁剪的，太奢侈了！

银条纱算什么，快看她身上的银红比甲啊，那个可是用焦布裁制的！看看我们的夏布衫儿，我只想问人与人之间的距离为何这么大？

她头上戴的是今年最潮的扭心鬏髻吧？明天就去把馒头髻毁了，依样编一顶新的戴。

只有我觉得银丝鬏髻呆笨吗？单梳堕马髻才仙气十足……

看到划过的弹幕，女主人心花怒放。然而现代人一头雾水：用观音菩萨来形容女性，真的是对她的赞美吗？银条纱、焦布、扭心鬏髻到底是什么？

不用心急，待我一一道来。

一、"女神"，对女性的至高赞美

　　最能夸到女主人心坎里的，莫过于有人说她打扮得像观音。

　　在现代人心中，观音神态慈祥，雍容中透着庄严。而明代的观音却主动走下神坛，把自己装扮得风姿绰约，恨不得每根头发丝儿都透出浓浓的烟火气。故将女性比作观音，其实是夸她妩媚至极。

　　除了观音，古人还会用宓妃、嫦娥、罗浮仙子等"女神"来赞美女性的姿仪。万万没想到，夸赞美女的方式从古至今竟然一脉相承。

妆容宛如世俗仕女的鱼篮观音
图片由美国国立亚洲艺术博物馆提供

二、裁制暑衣的特殊面料

（一）　银条纱，半遮半掩的风情

　　让女主人变成"女神"的最大功臣是银条纱。银条纱是一种素纱，是裁制暑衣的贵重衣料，薄透程度居纱中之冠，有"轻容"的美誉。唐代诗人王建写过一首《宫词》，其中有一句是"嫌罗不著爱轻容"。对传统面料不了解的人会质疑诗人的偏好，因为现代古风小说中最能体现身份的衣料是罗。罗虽好，但仅适合在气温攀升的暮春或者暑气消退的季秋穿着。在炎热的夏季，人们要换穿更加透气的纱。女主人家大业大，自然不吝惜那几个换装的钱。

穿绿纱衫的仕女
明末清初，匿名画师绘
《仕女图》局部

（二） 焦布，有价无市的奢侈品

焦布这种面料也妙不可言。焦布即蕉布，由芭蕉茎加工成的丝线与蚕丝相捻织成，质感寒凉，被称为"醒骨纱"。用它裁剪的外衣和汗衫清凉适体，文艺气息十足，有"太清氅"和"小太清"的雅称。

焦布的人气虽颇高，奈何产量小得可怜，所以能拿它来送礼十分有面子。

有了这些轻薄的面料，女主人才能在夏日公共场合穿得整整齐齐又仙气飘飘。抹胸、汗褂、小衣、裤儿、衫子、裙儿、比甲一件不少，穿着搭配竟和隆冬时节没有多少区别。

焦布细节图

三、夏季女装基本款

（一） 银条纱衫

自襦、裙从内衣升格为便服，女性的衣橱便被两截穿衣的着装程式统治了千余年。这种着装程式在嘉靖中期被彻底颠覆，至少从外观上来看是如此。因为女衫的长度已和男装趋于一致，昭示着短衣长裙的时代一去不复返。

新潮流下的女衫引起了"明朝三大才子"之一杨慎的好奇。经过一番观察，他给出了女衫准确的长度——"去地仅五寸"（明代的裁衣尺长 34 厘米，5寸相当于 17 厘米）。以身材高挑的女主人为例，为了迎合时尚，身高 165 厘米的她得穿长 110 厘米以上的衫子才不算落伍。

新时尚中男女衣衫长度对比
明万历时期萃庆堂刊本《新镌全像一见赏心编》插图局部

（二） 竖领的诞生，实用性压倒礼法

时尚潮流从未停下更替的脚步。待女衫变长后，女装又有两轮新的改变。脱掉交领衫子，换上圆领大袖衫子，后又换上轮廓颀长的窄袖衫子，独具一格的新风尚自此拉开帷幕。

衫子那颀长的轮廓固然揭开新时尚的冰山一角，但远不如竖领这个年轻的结构来得精彩。它的故事大多被岁月无情地抛弃，只能靠零星的线索大致拼凑出其诞生的原因。

竖领的诞生或许源自一次偶然的发现。相比交领，它无疑能更好地贴合脖颈曲线。有人会有疑问：竟然不是为了抵御小冰河时期的严寒以及满足封建礼法对女性的要求？倘若足够了解那时的世风，就会明白有关气温、道德的推测统统站不住脚。因为交领女衫的领宽普遍在 10 厘米左右，用来保暖绰绰有余，也能满足封建礼法的要求。可这种符合现代人想象的领式偏偏在此时渐渐衰落，这是为何呢？

女主人竖领衫形制示意图

女衫上阔大的领子
佚名绘明代夫妇容像局部

交领衰落的秘密藏在皇后的盛装中。

相比孝肃皇后周氏有些空荡荡的领子，孝贞纯皇后王氏的竖领上缝缀两对金镶宝纽扣，仿佛不用心安排这个细节，便会落了皇室的颜面。

通过纽扣，我们很容易猜到上流社会的心思。领、襟等处最能聚焦视线，纽扣能将它们装点得熠熠生辉，理所当然晋升为时尚圈新宠。

在思考如何点缀更多纽扣之时，贵妇心中的天平纷纷倒向了竖领对襟衫。相比只能在脖颈处缝缀一枚纽扣的交领衫，竖领对襟衫可缝缀整整七枚纽扣，这意味着能镶嵌二十一枚流光溢彩的宝石！这是何等的豪气啊，没有哪个女人不会为之疯狂。

孝肃皇后周氏容像
明代宫廷画师绘

孝贞纯皇后王氏容像
明代宫廷画师绘

缀于竖领对襟衫上的七枚纽扣
益宣王继妃孙氏墓出土，作者摄于金枝玉叶——明代江西藩王金玉器精品展

（三）纽扣，当之无愧的时尚风向标

上流社会对珠宝的狂热令拥有财富的社会中下层纷纷效仿。崇尚奢侈的世风从京城渐渐向全国各地蔓延。作为这一潮流的忠实记录者，纽扣在不断搅动社会风气的同时，也引发了时尚圈的"内部竞争"，使得女主人的纽扣完全可以与皇亲国戚的相媲美。

女主人的纽扣是当下最时兴的样式，由纽头、套圈以及扣脚三部分组成。扣脚被打造成以红宝石为躯体的蝴蝶样式，它们相向翩跹，托着一只状若六瓣海棠的套圈和一只镶嵌着蓝宝石的纽头。轻旋扣脚，将纽头伸进套圈，便能将纽扣扣好。

明金镶宝蝶恋花纽扣
益宣王继妃孙氏墓出土，图片由微博博主松松发文物资料君提供

（四）衣饰配色小指南

市井生活最不缺斑斓的颜色，如何利用诸多颜色将自己塑造成"女神"是困扰许多人的难题。爱美的文人站出来，建议大家按照四季的转换搭配色彩：

春季服饰娇俏，大红配纱绿，宛如绽放的鲜花；

夏季服饰偏爱清爽，必用白色打底，然后点染蜜合色、玉色、大红，宛如一个漂浮着瓜果的冰盆，透着丝丝凉意；

秋季衣饰雅致明净，大面积鸦青配一抹鹅黄，再点缀一点桃红，清澄透亮，如同一弯秋水；

冬季服饰色彩艳丽，最宜大红、丁香、鹅黄、出炉银。

女主人接受了配色小指南，挑了一件白色银条纱衫和一件月白焦布比甲穿着。

① 大红

② 蜜合色

③ 玉色

④ 鸦青（蓝宝石的颜色）

⑤ 鹅黄色

⑥ 丁香色（丁香花的颜色）

⑦ 出炉银

（牵牛花的颜色，清代出炉银变成了粉红色）

（五）月白焦布比甲

比甲是一种无袖的对襟衣，领形较为丰富，有方领、圆领、直领、竖领等款式。它不受时令限制，亦无阶级属性，是女性日常生活、出席吉庆场合的必备品。

为了追求清爽，女主人的比甲用月白色焦布裁制，又在领口、衣襟上镶一道蓝色镶边。月白色到底是什么颜色呢？一定要记得去赏月景，月色下的白色事物泛着浅蓝色泽，澄澈又清幽。因此月白色并非白色，而是浅蓝色。

女主人的月白色比甲

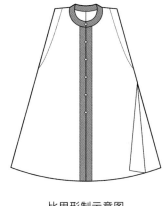

比甲形制示意图

（六）蜜合色纱挑线穿花凤缕金拖泥裙

1. 缕金穿花凤

　　与纱衫和比甲搭配的是一条蜜合色纱挑线穿花凤缕金拖泥裙。给这条裙子命名的掌柜肯定是位口齿伶俐的妙人，能一口气说出一大串花样。若你认为这如同绕口令似的衣名是掌柜刻意显摆自己见多识广，那可就大错特错了。它的每一个字都详细描述了裙子的特色，真实得令当代广告自惭形秽。

　　密合色又被称为蜜合色，即浅淡的黄色，因炼蜜过程中产生的泡沫的颜色而得名。纱是裙子的质地，是一种异常轻薄的丝绸。而"挑线穿花凤缕金"，是以"挑线"这种刺绣的针法，用金线绣出鸾凤在繁花中嬉戏的富丽景象。

明代织物上的穿花凤
图片由芝加哥艺术博物馆提供

2. 何为"拖泥裙"？

　　有人问"拖泥裙"的"拖泥"该如何理解，是指裙长曳地吗？在传统家具中，有个叫"托泥"的构件，它是一两块横木或者木框，被钉在座椅等家具的腿足下端。托泥除具有稳固、防潮的用途外，还兼具一定的装饰效果。雕漆、描金银、镶嵌、包金等装饰工艺总能在气派的家具中觅得。

　　对应到裙子上，"托泥"很可能就是裙拖。它位于裙子底部，又被称为"襕"，是状如长条的装饰区域。上文提到的刺绣鸾凤花卉，就颇有规律地分布在裙拖上。

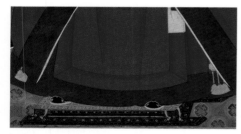

钉有托泥的脚踏
佚名绘《明昌平侯杨洪朝服像》局部

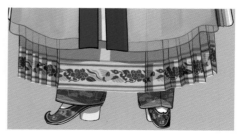

饰有穿花凤的蜜合色拖泥裙

3. 裙子的形制

　　除了命名方式，明代裙子的形制也很有特色。它的长度远没有仕女图中的长，通常在 80 ~ 95 厘米。穿在身上，必定会露出膝裤和鞋。囿于明代的布帛幅宽，裙子要用好几幅布帛拼接，故有了"裙拖六幅湘江水"的说法。到了晚明，裙幅数量略增，用七幅、八幅布帛十分常见。

　　在制作好裁片后，人们随潮流将它们拼合成相同的两大片。待在两个裙片上各做几对疏阔的裙褶，方将它们缝在同一条裙腰上。将裙子束好后，能看到前后裙门两两相交，各自形成一个马面。

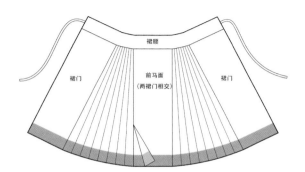

裙子形制示意图

中间交叠的裙门因穿在身前，被称为"前马面"；左右两侧的裙门在身后交叠，可比照"前马面"的命名方式称之为"后马面"。需要注意的是，古代并无"马面裙"这个专有名称，它是当代学者根据裙子的形制而做出的归类。

经过艺术加工的曳地长裙
明，仇英绘《汉宫春晓图》局部

（七）膝裤，助人风情万种的配饰

膝裤长 30 余厘米，外观呈筒状，背部上端开衩。衩口两侧各缝一根系带，以便把膝裤束在小腿上。在古代，重视细节是服饰的特色，汇聚大量有趣元素的目的在于突显和点缀。膝裤虽只是陪衬，也会装饰流行纹样，以求更加精致秀气。

色彩在有些时候比花纹更博人眼球。不用"烦劳"风吹开裙门，微提裙裾都能让大红膝裤露出来，看似不经意却毫不隐讳地展示女性的魅力。

穿大红膝裤的妖怪
明内府彩绘本《唐玄奘法师西天取经全图》插图局部

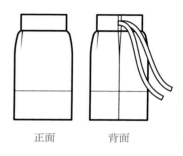

正面　　　　背面

膝裤形制示意图

（八）高底鞋，美丽却危险

明代高底鞋的样式和当代粗高跟鞋非常相似。只是囿于明代并不成熟的防滑技术，在行至略微湿滑的地方时，沉稳如女主人也需要打起十二分精神才能避免摔倒。但因摔倒而产生的恐惧不足以让女性放弃对时尚的探索。高底鞋依然是她们利用外物将身体修饰得趋于完美的利器。

所有人都坚信，只要套上高底鞋，女性便会更加仪态万方、风姿绰约，不够标准的脚也会变得可爱。这简直触到了明代

女主人的高底鞋、膝裤和袜
袜在古代有两种意思，意为袜子的时候读作 wà；意为女性内衣时通"抹"，有"袜胸""袜腹"等，读作 mò。

人的时尚神经，难怪它能大行其道。

　　高底鞋的美并不限于裙底探出的一抹红，鞋脸和鞋帮俱是女性尽情展现想象和绣花技艺的地方。现代人可能已经无法想象鞋上还能绣比英文字母、蝴蝶结、卡通图案更加繁复的纹样，更不用提"鹦鹉摘桃"这种极具动感的画面。

　　只见硕果累累的桃枝自鞋脸向鞋帮延伸，一只鹦鹉扑棱着翅膀努力叼着一颗和它身形差不多的桃儿。狡黠的眼睛不时泛出几丝贪心，十分可爱。

　　所有浮于表面的美都无法掩盖加在女性身体上的罪恶。长时间的缠足令明代女性付出了极大的代价，其惨烈程度不比鲸骨撑塑造的细腰少分毫。然而，女性没有权力拒绝男性将她们打造得楚楚可怜的要求，她们唯一能做的大概是流着眼泪不折不扣地执行。

鹦鹉摘桃
明成化二十二年（1486）刊《释氏源流应化事迹》
《慈藏感禽图》局部

（九）大红睡鞋，特殊的床上用品

　　说到女鞋，不得不提到一样特殊的床上用品——睡鞋。为了防止异味外泄和缠足的需要，女性在睡觉时会穿它。睡鞋的样式和装饰风格肖似日常穿的平底鞋，只是鞋底用布帛制作，故而异常柔软。因为这个特点，它只能用于床榻上。假如夜间起来方便，还得再套上一双日间穿的鞋。

女主人的睡鞋

四、女性夏季日常着装层次图

贴身穿抹胸，腰系小衣与大红纱裤

然后穿黑纱汗褂、暑袜、膝裤

最后穿女装基本款衫和裙，还可以选择再穿件比甲

 五、女主人的日常发型和发饰

（一） 堕马髻

在女主人梳头之时，现代人一脸兴奋地围观：灵蛇髻、飞天髻、凌云髻，她到底会选择哪种？女主人一脸茫然：真不好意思，让大家失望了，这些发式我连听都没有听说过，但我可以梳堕马髻，娇媚慵懒应该不输于其他发型。

晚明妇女的堕马髻

堕马髻到底是怎样一种发式呢？据说它由东汉权臣梁冀的妻子孙寿发明，因将发髻置于头顶并向一侧垂下，似从马上坠落而得名。

在历经数代变迁后，堕马髻的样式在明朝出现了新变化。发髻底部堆得蓬松而高耸，发髻向脑后垂下，脑后翘起一个名为"雁尾"的发尾，将脸部修饰得小巧动人。

晚唐妇女的堕马髻
唐，佚名绘《唐人宫乐图》局部
图片由台北"故宫博物院"提供

梳堕马髻的唐代贵族妇女
北宋，赵佶摹张萱《虢国夫人游春图》局部

（二）"一点油"，固定发髻的工具

　　无论男女，挽髻、固定束发冠都离不开丝绳和簪子。此类的簪子注重实用性，故摒弃繁复，坚持简约小巧的样式。

　　最常见的簪子名为"一点油"，因簪首宛如一颗摇摇欲坠的油珠而得名。也有另一样式被称作耳斡，簪首状如小勺，在挽髻、固定束发冠等基本的用途上还兼具耳挖的清洁功能。

扎头发的红丝绳
五代十国，顾闳中绘《韩熙载夜宴图》局部

一对用来挽发髻的"一点油"

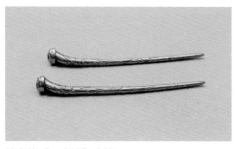

螭虎纹"一点油"金簪
南京太平门外板仓出土，图片由松松发文物资料君提供

一对用来挽发的金耳斡

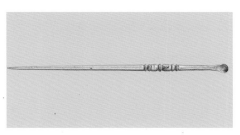

一枝金耳斡

（三）鬏髻，妇女的必备发饰

用金耳斡挽好发髻后，女主人取了一顶银丝发罩罩在发髻上。此发罩名曰"鬏髻"，高约 10 厘米，底部口径约 9 厘米，先以几根粗银丝搭出前方略高于后边、中间略高于两端的轮廓，再以交错编织的细银丝结成整个鬏髻。

现代人看到它的样子很是不解：这是什么古里古怪的东西？哪里美了？面对现代人的反应，女主人却显得十分骄傲，她指着鬏髻两侧用粗银丝扭出的内卷曲线解释：这可是当下最时兴的扭心鬏髻呢！

鬏髻除了作为发饰，还是身份的象征。哪怕再不待见扭心鬏髻，也不能扔了它，因为它昭示着女性的婚姻状况——已婚妇女戴鬏髻，未婚则不戴。它还象征着女性手中的财富，更是社会地位的见证。

一顶银丝鬏髻价值有多高呢？至少要八两银子。别小瞧这八两银子，它相当于当时中等收入人群四个月的工资呢。对于蓬门小户来说，这无疑是一项庞大的开支。因此她们只能望而却步，戴用头发编的鬏髻。

昂贵的价格很快与权势联系起来，生出贵贱的意蕴。富贵人家纷纷制定了一条不成文的规矩：如有婢女升为养尊处优的姨娘，会如同公司发工作服一般替她编一顶银丝鬏髻戴着。

金丝鬏髻
川后摄

罩在发髻上的银丝扭心鬏髻及固定鬏髻的一对
金镶宝花头簪

女主人在挑了对金镶宝花头簪固定鬏髻后，突然对常戴的分心和钿儿感到乏味。她灵机一动，在鬏髻中放了许多玫瑰花瓣，花香随着她优雅的身姿和挥动的白纱团扇在空气中弥漫，若有若无。除了活色生香，实在想不出更好的词来形容了。

六、另一种风情的日常首饰

已婚妇女日常本离不开鬏髻，堕马髻却将她们从鬏髻的束缚中解放出来。这种打破常规的发式固然当得起绰约的称赞，但在崇尚秾丽奢华的年代，如何避免因太过简约而被视为家境艰难，是需要解决的难题。

女主人轻易地解决了这个难题。她在发髻下戴了一串珠子璎珞，簪了几支花翠，又在额上贴了三朵珠翠面花。

女主人的珠子璎珞、鬓边花和珠翠面花

（一）珠子璎珞

珠子璎珞是围在发髻底部的发饰。它用丝线牵出一串或稀疏或紧密的珠网，底端以数粒稍大的珠宝做坠脚。任谁看了都会夸一句妙哉。

佩戴珠子璎珞绝非仅为了装饰容颜，炫耀财富也是重要目的。不仅是家境殷实的女性，有的富贵人家甚至会替得宠的丫鬟置办，命她们专门在尊贵的客人跟前递茶端水——仆人的妆容尚且如此精致，更何况主人呢？

珠子璎珞
明，唐寅绘《李端端图》局部，川后摄

（二）簪花

说到簪花，很多人脑海里立刻跳出一个穿红戴绿的媒婆形象。簪花到底是媒婆专属的首饰还是一种长久的偏见？不妨展开那幅不朽的画卷——《簪花仕女图》。画中贵妇戴着高耸的假发，发髻上簪一朵硕大的牡丹，很是雍容华贵。

同样戴花，有人粗俗不堪，有人却戴出了高贵典雅。这是为何呢？让我们听听明代文人的见解。在他们看来，清雅的花才适合簪在头上。假如没有洁白如玉的花儿，可退而求其次选择黄色；淡红、淡紫虽少女感十足，却是下下之选，更不用提俗不可耐的大红和木红了。

女主人完全赞同以上心得。她常簪浅色花朵，尤爱茉莉和玉簪，绝不抢那妖娆有余、雅致不足的瑞香插在头上。

簪花的贵妇
唐，周昉绘《簪花仕女图》局部

簪在发髻两侧的浅色花朵和花翠
清，佚名绘《仕女图》局部

（三）花翠

簪在头上的鲜花可被像生花替代。像生花即假花，通常用通草、绢帛或金银珠翠等材料制作。

清宫旧藏银镀金绢米珠镶玻璃蔷薇簪

女主人的花翠由金银珠翠所制，它的流行与堕马髻的盛行有莫大的关联。一两对金玉梅花，两三对西番莲俏簪，一两支犀玉大簪，一朵点翠卷荷，一枝大如手掌、装缀数颗珠宝的翠花，均是家境殷实的妇女装饰堕马髻的常用点缀。

在梳了堕马髻后，女主人才明白花翠其实是个统称。根据簪戴位置，它还可以做更细致的区分：簪在鬓边的点翠卷荷与嵌珠花翠，人称"鬓边花"或"鬓花大翠"；成对簪在鬓边的，名为"飘枝花"或"大翠围发"。因要合抱发髻，"大翠围发"的簪首修长弯曲如新月。

装缀了珠宝的花头簪
明代法海寺壁画局部

簪在仕女发髻一侧的花翠
清，廖桩绘《仕女图》局部

银镀金累丝点翠缉珠簪
明嘉靖年间吴麟夫妇墓出土了类似的花翠

一对点翠石榴簪
出自周意群撰《安吉明代吴麟夫妇墓》

（四）倍增妩媚的珠翠面花

脸上的装饰和发髻一样讲究。粘在女主人额上的面花又名花子，是花黄、花钿的延续。它最初只是一个圆点，到了晚唐，样式愈发繁复。花朵样式已是寻常，鸾凤、楼阁等精巧的造型才能博得观赏者一声赞叹。

制作花子的材料很多，有金箔、云母、黑光纸、鱼鳃骨等等。其中最有想象力的莫过于把蜻蜓翅膀剪成折枝花，最受欢迎的则是翠羽。以至于到了宋明时期，朝廷还专门下令，将珍珠、翠羽制成的成套花钿纳入女性最高规格礼服的一部分。

皇后的一套珠翠面花
长条形珠翠面花是唐代面妆"斜红"的延续；点在酒窝处的又可称"靥"，是历史最悠久的一种面花
宋，佚名绘《宋徽宗皇后坐像轴》局部

（五）黄金条脱

在女主人整理云鬓时，银条纱衫的袖子轻轻滑落，露出缠绕在小臂上的黄金条脱。条脱又叫"钏"，用锤扁的金条绕成数圈，又在两端编制出套环，用以调节大小。若想精致，可在表面装饰流行纹样，这种式样可称为"金（银）花钏"；若坚持简约，则以"素面"示人，可称"金（银）光素钏"。

黄金条脱
图片由松松发文物资料君提供

女主人的黄金条脱

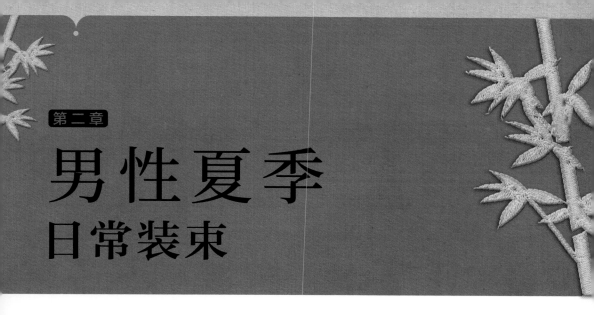

第二章

男性夏季
日常装束

场景三　男主人亭中避暑

- -

　　第二日，女主人去自家园子里赏莲，还未踏上湖中的亭子，便看到来此避暑的男主人。他散发披襟，身穿汗褂，脚上穿着石青色鞑鞋，懒散地靠在椅子上。

一、汗褂，男性夏季必备品

　　男主人的汗褂用纱裁制。样式为直领对襟无袖，领上有镶边，衣身两侧开衩，上身后衣长在臀部和膝盖之间。天气凉爽宜人时穿的汗衫与汗褂略有不同。为了适应气候，袖长可以盖过手掌，衣身可以长至膝盖以下。还有一款在暑气消退时穿着的汗褂。它的袖长接近手肘，介于汗褂和汗衫之间，明显是两者的折中。

汗褂形制示意图

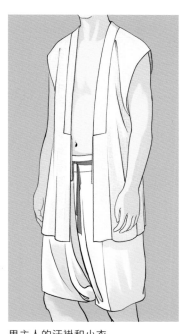

男主人的汗褂和小衣

👟 二、靸鞋，古代的拖鞋

古人在私密场合有专属衣衫作居家服，鞋子亦如此。

千万不要小觑古人的智慧，他们也有拖鞋穿。此时的拖鞋叫靸鞋，无鞋跟，用干草和布帛制作，穿着很舒适。与现代的塑料拖鞋相比，它似乎仅输在了无法恣意畅快地蹚水。不过靸鞋通常在室内穿，并无蹚水的需求，所以也堪称完美了。

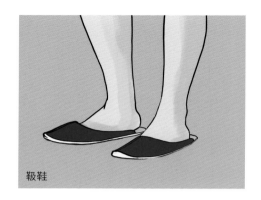

靸鞋

场景四　男女主人家中见面

男主人看到女主人过来，赶忙梳头穿衣。他让仆童取了块茉莉花肥皂洗脸，用一根金并头莲瓣簪绾好发髻，收好网巾的顶线儿，腰上系一条玉色纱褡子，腿上勒着一副玄色挑丝护膝，再取缨子瓦楞帽儿和油绿纱褶儿穿戴好，最后穿尤墩布袜和细结底陈桥鞋。

👟 一、男性也须遵守的着装礼仪

不同于当今社会对女性在公共场合更加严苛的举止要求，古代的着装礼仪不会偏袒男性或者任何一个特权阶层。大多数的着装规则是男女通用的，学会视场合和身份穿衣是每个人的必修课。

对于一位对生活品质有所追求的男性来讲，汗褂依旧上不了台面。即使面对关系非常亲密的人，只穿内衣闲聊也不体面。当然，这项规矩在遇到极端天气和宽松的

衣冠不整的农民
明，戴进绘《太平乐事册页·耕罢》局部

世风时也会松动。为了消暑，衣冠楚楚的儒生常不顾体面，上学时只披件汗衫甚至赤裸着上身。至于不太讲究礼数的劳动人民，女性都敢随意赤裸上身，更不用提仅着褡子遮羞的男性了。

二、奢华的男性夏季日常装束

一番梳洗后，男主人重新出现在女主人面前。他装扮得十分精致，穿着佩戴不因居家而有半分懈怠。没有大面积精美的绣花，男装要用什么方式来彰显生活的精致呢？

（一）缨子瓦楞帽

1．巾帽，身份的象征

缨子瓦楞帽是顶部缀有红缨、状若瓦楞的帽子吗？首先需要了解对于现代人来讲十分陌生的着装原则：社会地位比身家财富更能影响男性的服饰。明白了这个着装原则，缨子帽款式的含义便呼之欲出——它是小帽，因是庶民的首服而常用来指代平民百姓。

戴小帽的艺人
明，闵齐伋绘刻彩图《西厢记》

2．小帽的样式

小帽既然成为身份地位的象征，便无法切断与制度的关联。为了将六合统一、天下安定的政治内涵具象化，小帽帽身由六瓣缝合而成。但这并不意味着小帽追逐时尚的权力被剥夺，它依然充满活力，紧紧跟住时尚潮流的步伐。

戴小帽的仆役

戴小帽的仆童
明景泰二年（1451），佚名绘杨洪像局部

顶尖而长的小帽
明中晚期，佚名绘夫妇容像局部

明早期的小帽十分低矮，待步入嘉靖年间便拼命拔高。此时的它顶尖而长，活像街上设置的活动路障，并得了个"边鼓帽"的绰号。随后帽体膨胀，帽顶变得圆润。过些年又改成平顶，宛若大半个鼓墩扣在头上。

3. 缨子和瓦楞

与衣裙相同，制作小帽的材料亦会随时令变化而改变。春秋两季用罗，冬季用纻丝和毡，夏季为图凉爽则用绉纱和鬃毛。

鬃毛有马尾和牛尾之分，以牛尾编织的小帽即缨子帽。编织缨子帽的手法有多种，编得细密紧实的为"密结"，编得较为稀疏的为"朗素"，还有一种则是"瓦楞"。很难讲清"瓦楞"的编织工艺，但它适用于夏季，透气性想必不错。如此，它的帽身应该是透亮的，隐隐映出绾髻的金簪。

缨子瓦楞帽

（二）网巾

成年男性会在小帽底下用一顶网巾束发。网巾的外观和渔网相似，用丝线、马鬃、头发以及绢布制成。为了与头部贴合，它被制成上小下大、前高后低的样式。使用时，网巾下口与眉际相齐，将缀在网巾边上的细绳交叉穿过网巾圈儿并在脑后系结。然后将挽好的发髻穿过网巾上口，用顶线儿束好。如此一来，满头青丝便一丝不乱了。

网巾

（三）网巾圈儿

古人总是习惯于将精力倾注在细节之上，这使得一件小小的装饰品——网巾圈儿的材质丰富起来。或金，或玉，或银，或银镀金，或铜和锡，到底用哪种，得仰仗经济实力。

男主人腰缠万贯，自然紧跟潮流，使用金、玉制作的金井玉栏杆网巾圈儿。若是蓬门荜户，只用得起银镀金网巾圈儿，虽然分量极轻，倒也值几个钱，关键时刻可以用来救急。

缝在网巾上的金井玉栏杆网巾圈儿

（四）金并头莲瓣簪

古人并不总是委婉含蓄，当他们坠入爱河，一定会讲出来。然而，直率并不等于鲁莽，掌握完美的表白技巧很有必要。

最浪漫的莫过于在簪脚上钑一首小诗。男主人的金并头莲瓣簪依着潮流，在簪脚上钑着"奴有并头莲，赠与君关髻。凡事同头上，切勿轻相弃"的诗句。并头莲又称合欢莲，寓意恩爱的夫妻。不难从名称勾勒出簪子大概的模样。细长的簪脚衔着饰有螺旋纹的细颈，簪顶是一仰一覆六瓣莲花。待挽发时，将簪子横着插入发髻，仰覆莲便成了花柄横斜在"池塘"上的并蒂莲。

一款用途和橡皮筋相同的簪子怎么就成了象征爱情的信物呢？因为它们长期与使用者零距离接触，久而久之生出如影随形的涵义。

男主人的金并头莲瓣簪

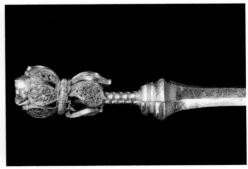

金并头莲瓣簪局部
出自南京市博物馆编《金与玉：公元14—17世纪中国贵族首饰》

（五）油绿纱褶儿

1. 褶儿的形制

褶儿又名贴里，上下分开裁剪，裁制好后再缝合，并在腰部做数个褶，看上去很像连衣长裙。

在当代，穿连衣裙的男人会给人们留下怎样的印象？多半是叛逆青年做出惊世骇俗之举。然而男主人没有搞行为艺术。明代服饰的性别划分与当代有着天壤之别，被现代人视为女装的褶儿其实是那时非常有男子气概的装束。

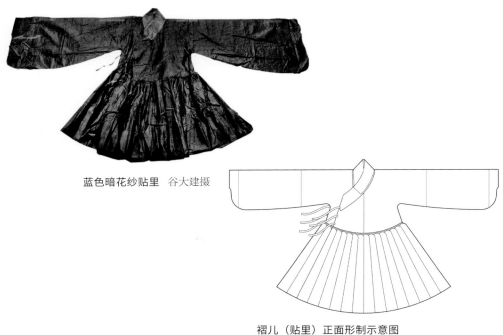

蓝色暗花纱贴里　谷大建摄

褶儿（贴里）正面形制示意图
着装效果见"男性夏季日常着装层次图"部分

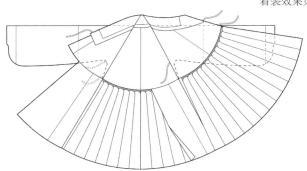

褶儿（贴里）内部结构示意图

2. 褶儿的袖子，可以随身携带零碎物品的"袖袋"

武侠剧中的大侠在用餐结束后，总会潇洒地从袖子中掏出一锭银子。人们或许会质疑：在袖子里放一锭银子合理吗？完全没问题，不合理的只是大侠那窄如衬衫的袖子。窄袖虽能适应高强度的打斗，可紧贴手臂的袖管会使物品刚放入就滑落下来，这样的袖子能兜住零碎物品才怪。

怎样才能做个合格的"袖袋"？需要满足如下三个条件：

（1）袖子最宽的地方略大于或明显大于袖根；

（2）在袖子最宽处到袖口这一截做一个圆润的弧度；

（3）务必收袖口，将它的宽度控制在 20 厘米左右。

如此一来，根本不用在袖子内缝个口袋，一尺（34 厘米）宽的袖子就是个容量很大的袋子。除了双臂贴着耳朵高举外，随人怎么跑、跳、走、坐、卧，放在袖中的零碎物品都不会轻易滑落。

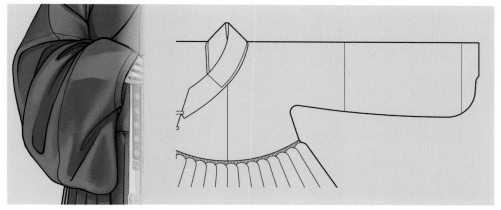

能携带零碎物品的袖子　　　　袖子形制示意图

3. 油绿，用绿豆命名的传统色

古人常用世间万物给色彩命名，这样很容易令人产生联想。譬如之前讲到的蜜合色，便与炮制药丸时的炼蜜工艺有关。不过有些颜色的命名也会使人费解。如果远离农事，恐怕一辈子都不明白油绿和官绿到底是什么颜色。

它们被用来区分绿豆的品质。颗粒较大、皮薄粉多且色泽鲜艳的被称为"官绿"；颗粒较小、皮厚粉少且色泽暗沉的被称为"油绿"。

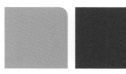

官绿　　　　油绿

（六）褾子：独属男人的小裙子

　　还有一款男装能颠覆现代人对于服饰的性别认知，那便是褾子。它的样式和女裙相似，只是搭配方式有着明显的差异。

　　作为女装的基本款式，女裙同衫共同打造出女性"两截穿衣"的着装程式；而褾子屈居配角，隐藏于衣衫内。虽有文人在腰间系一条裳作复古装扮，或在对簿公堂时束一条罪裙，但终究不是社会主流。

男主人的玉色纱褾子

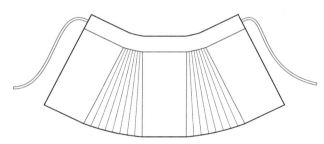

褾子形制示意图

（七）尤墩布暑袜、细结底陈桥鞋，时尚的尖儿货

　　但凡对时尚有一些敏感的，都会在衣笼里放好几双尤墩布暑袜。它毫不花哨，仅有白色一种，凭借轻薄精美的优势替代了毡袜，远销大江南北。

　　与尤墩布暑袜一同征服市井的还有细结底陈桥鞋。陈桥并非姓陈名桥的制鞋商，而是指鞋的产地。它最初用稻柴芯编结，后改用黄草。但无论是哪种，陈桥鞋都足够轻便美观。正因如此，它成为富家子弟抢购的时尚尖儿货，根本不是刘备卖的廉价草鞋能比拟的。

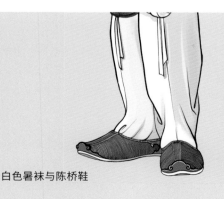

白色暑袜与陈桥鞋

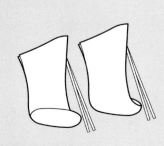

暑袜形制示意图

（八）明代的奢侈品

　　第一眼瞧见男主人，许多人多半会感到失望。他的装扮是那么平平无奇，竟和跟在身后的仆人相差无几。难道他快要破产了？

　　不怪大家产生误解，谁让男主人不穿堆砌繁复花纹的艳丽长袍呢？

　　倘若对古代服饰有所了解，就会明白评判服饰是否奢侈的标准与品牌没有什么关系，而是建立在影响品质的装饰工艺上。当然，面料的品种和产地也是重要因素。不妨看看名贵面料的价格：

　　各色姑绒乃布帛中的顶级奢侈品，一匹售价白银百两；

　　各色绉纱，一匹售价白银二两；

　　各色罗，一匹售价与绉纱相同；

　　各色产自南京、苏州的素绸，一匹售价一两五钱银子，比纱罗价格略低；

　　各色松绫，一匹售价一两二钱；

　　各色产自嘉兴、苏州、杭州、福州、泉州的绢，一匹售价一两银子；

　　素绢，一匹售价五到六钱；

　　缀补子的纻丝或者缎子，一匹售价七八两银子。

　　当过得还算体面的人们为一匹绉纱而举棋不定时，男主人早在暮春时节便替自己准备了包括油绿纱褶儿在内的两箱夏季新衣。

低调而奢华的葛纱贴里
一匹葛纱的售价一度达到三两银子，目标客户主要为富商、缙绅、士大夫、皇室
宗藩，葛纱以雷州、慈溪所产最为精细，江西产的品质也不错
谷大建摄于孔子博物馆

三、男性夏季日常着装层次图

先贴身穿汗褂、小衣（内裤）

然后穿裰子、护膝、暑袜、陈桥鞋

最后穿戴男装基本款小帽和贴里

四、贴身仆童的体面着装

在打量了男主人的装束后，我们会按捺不住好奇心，迫切想知道照顾他日常起居的仆童的衣着打扮。无论是头上半透明的瓦楞帽，包裹发髻的青色缎子发囊，挽髻的金头银脚耳斡，还是身上的灰色绢直裰、玉色纱褡子，都给我们留下清爽、精致的第一印象。

（一）金头银脚耳斡

耳斡也会出现在普通市民的头上，只是常以金裹头、银簪脚的样式示人。这样的设计思路非常明确，即在节省钱财的同时也可以保持美观。毕竟簪脚隐藏在发髻中一般很难看见，只需簪首光彩夺目即可。然而，男主人瞧不上这种市井小民的"薄华丽"，他的簪子定要通体金质，不因隐藏在发髻里而有半点马虎。

（二）灰色绢直裰

直裰本是僧衣，是交领短衫和裙子的结合。到了明代，它的样式发生了改变。上下通裁，不制摆，为图方便在衣身两侧各开一道衩，看上去和道袍有几分相似。全新的样式促使人们调整了直裰的用途。很快，它受到仆童、底层劳工、低等级宗教人士的喜爱，成为带有身份识别性质的装束。

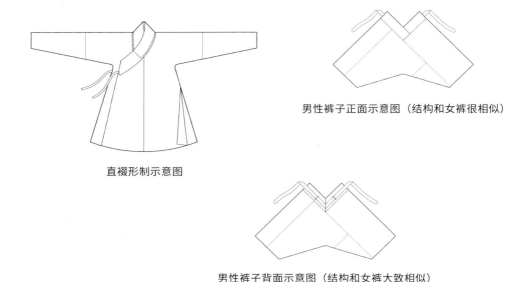

直裰形制示意图

男性裤子正面示意图（结构和女裤很相似）

男性裤子背面示意图（结构和女裤大致相似）

金头银脚耳幹

男主人仆童日常着装：小帽、直裰、裰子、裤子、红悭

（三）代表市井体面生活的面料

若说男主人的装束展示了奢华的日常生活，贴身仆童的衣衫则代表着市井的体面生活。依旧忽略裁缝的工费，单看面料的价格：

各色本地绢，一匹售价五钱至七钱不等；

各色素纱，一匹约售价六钱，约为职业经理人月薪的三分之一。

夏布（一般指手工织麻布），一匹售价三钱，约为职业经理人月薪的十分之一。

看来棉麻的价格远低于丝绸啊。其实也不尽然。譬如裁制男主人汗褂的白细苎麻布，一匹售价可高达七钱银子，价格不低于绢和素纱。更有裁制汗衫的三梭布，一匹售价竟高达三两！棉布的售价怎么能比绢纱还高？因为三梭布是贡品，皇帝及宫眷的内衣都用它裁制。

在对物价有粗略的了解之后，自然明白令人羡慕的体面最终还是要建立在财力上。

🌀 五、蓬门荜户的衣衫

并非人人都能出手阔绰，数量庞大的蓬门荜户仍然面临赤贫、小贫的困扰。即便是这样，服饰的基本款式与男主人的并无多少差异。他们会用成色不足的闹银耳斡绾髻，头戴一顶旧罗帽，身穿一件长至膝下的白夏布衫，袖着一块看不出颜色的汗巾，腰间束一条白布褃子，从头到脚十分寒酸。绝大多数人穿得起夏布、棉布，说明它们物美价廉。普通的苎麻布一匹售价不过一钱五分银子；一匹棉布的价格在正常情况下相当于一石米，价低时仅一钱五分银子，价高时不超过三钱银子。假如一定要给这些衣服一个定位，大致相当于在现代电子商务平台上薄利多销的快时尚服装吧。

《东阁衣冠年谱画册》中的底层劳动者　　　《补遗雷公炮制便览》中的底层劳动者

王轩摄

介绍完各种面料的价格，很多人不屑一顾：连郭靖请黄蓉吃顿饭都能掏十九两七钱四分银子呢，明代人用几两银子做衣服实在太小气。之所以产生这样的误解，是因为我们不太了解明代的物价。那么，一两银子在当时到底能干什么呢？

假设生活在风调雨顺的太平盛世，1两银子可换1/8 ~ 1/5两黄金、700 ~ 800文钱、约2石（约240斤）米、60余斤猪肉、50余斤鸡蛋、3坛国家级名酒、坐16次轿子、1/10亩（60余平方米）上好田地……如果按照当时的物价，1两银子够郭靖请黄蓉在普通小饭店吃几顿？大概能吃八九顿吧。能吃多少大闸蟹？至少吃三顿还是没问题的。

明代物价之低廉，可见一斑。

场景五　结婚纪念日的神秘礼物

今天是男女主人的结婚纪念日，双方心照不宣地没有提前透露给对方准备了礼物，却在早饭后拿出了精致的礼盒。男主人收到的是一块女主人亲手做的汗巾，女主人收到的是一个她心心念念好久的穿心盒。

丰富多彩的明代礼物

即使在明代，表达情谊的礼物也数不胜数，之前提到过的簪钗、纽扣、膝裤、睡鞋，还有藏在男主人袖子里的汗巾、穿心盒、金三事以及护膝、荷包等小件，都可以用来送家人、送朋友，既实用又能营造温馨浪漫的氛围。

1. 汗巾

汗巾是最为寻常的日用品。擦拭、束腰、装饰发髻、包裹或者拴住零碎物品都离不开它。汗巾中蕴含的情谊也是不言而喻的，它总想拭尽爱人每一滴止不住的相思泪："汗巾儿止不住腮边泪，手挽手，我二人怎忍分离。送一程，哭一程，把我柔肠绞碎。"（出自《挂枝儿·泣别》）

那么，包裹的功能又如何展现深情呢？请包一把亲自剥好的瓜子仁。瓜子仁的确不是什么稀罕物件，但每一颗都是爱人亲手剥开的，真是礼轻情意重。

又是包裹瓜子仁的汗巾，又是吊着盛香茶木樨饼的穿心盒，还不忘拴一副饰莺莺烧夜香纹样的三事挑牙儿。但这还不够，汗巾上还需装饰纹样。先在汗巾左右两端点缀名曰"栏子"的条状装饰带，中间再装饰极具诗情画意的落花流水纹。这种纹样通常以荡漾的水波带走桃花、梅花等落英，美得令人心驰神往。

元人绘仕女图中裹住发髻的汗巾

银红撒穗的落花流水汗巾

汗巾上的落花流水纹

2. 穿心盒

穿心盒是一种圆环形小盒，几厘米大小，可以拴在白绫双栏子汗巾的穗子上。它的造型十分单一，好在凭名字便能读懂其中的心心相印之意。

盒子内亦有乾坤，有人用来盛香茶。香茶并不用来饮用，而是作为口气清新剂噙在口中。也有人用来盛妆粉。说到这里，忍不住推荐一款古今通用的礼物——化妆品。在明代，杭州水粉和胭脂对于住在北方的女性是很稀罕的化妆品。因此送四匣粉、二十个胭脂，肯定能博她们一笑。

系在汗巾穗子上的穿心盒和银三事挑牙儿

3. 三事挑牙儿

古人的"事"不仅指需要处理的事情和情况，它还可以是随身携带的小工具或物件。因此"三事"是在挑牙的基础上，组合了如耳挖、镊子、勺子等的清洁小工具套装。听上去和瑞士军刀有异曲同工之妙，不过它的造型更加富有艺术气息。只见穿系在汗巾上的金三事收束于缀着如意云头的金链上，表面錾刻出各式纹样，然后用银丝一一填嵌。这种颇费工夫的工艺叫减银，是当时装饰金银器的流行工艺。

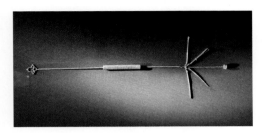

金三事
无劫缘摄

4. 护膝

　　护膝是靠线带扎在膝部的护套，兼具装饰作用。男主人的衣橱中搁着好几副护膝，有单层，有夹层，有的还会有絮棉。它们的尺寸略有差异，但均由两片不甚规则的多边形布片缝合而成。

　　护膝上可以装饰纹样，诸如岁寒三友、蝶恋花、攀枝娃娃等，都是流行题材，只是这些纹样在惯于尽善尽美的时代太过稀松平常。那么，护膝靠什么在诸多礼品中独树一帜呢？它系在膝部，暗喻"随君膝下"，用来表达深情厚谊再合适不过。

酱色缎子护膝

护膝上的龟甲纹

5. 荷包

　　现代人也许会觉得荷包这类系在腰间的物件，再怎么装饰也不过是随身携带零碎物品的袋子。请原谅现代人的不解风情，完全跟不上晚明人的浮想联翩。

　　在古代，男女相爱原本是一桩美事，可碍于社会地位、家庭财富等现实问题，很多时候只能牢牢守住秘密，生怕走漏一点风声。而为了不遗落一点物品，荷包会用丝线牢牢束紧袋口，像极了当时需要小心掩饰、无法宣之于口的爱情。

悬系在裙边的荷包

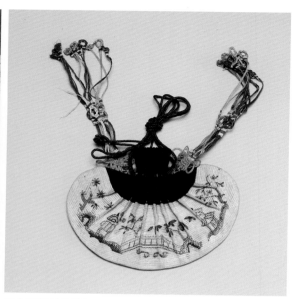

清宫旧藏刺绣荷包
它的样式与明代荷包大致相同，也通过抽绳将荷包口系紧。由于成为礼服的陪衬，清代的荷包会使用纸或碎布制作的袼褙。袼褙会使荷包变得硬挺，捏出来的褶子也会更加齐整

6. 茄袋

　　男人亦会随身携带放零碎物品的袋子，只是这袋子不叫荷包，叫茄袋。它的形状有方有圆，靠囊口的盖子扣合，异常精美。

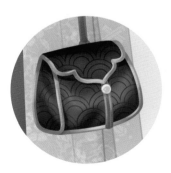

拴在红搾（搾，用线织成的腰带，宽约 7 厘米）上，用羊皮金缉边的茄袋

第三章

冬季着装

场景六　隆冬朝礼碧霞元君

　　十一月的某一天是女主人朝礼碧霞元君的日子。对于古人来讲，烧香、还愿、打醮是人生中的大事，换上符合身份的盛装方能彰显它的隆重。哪怕身无长物，香客们也会东拼西凑借得一套体面且时兴的服饰。

　　鉴于这种风气，女主人只能抓紧时间捯饬仪容。只见她在黄绸棉裤上系了条翠蓝缎子宽拖遍地金裙，裙边一双妆花金栏膝裤，膝裤下露出一双大红遍地金白绫平底云头鞋，又在紫绫小袄、月白竖领衫外面，罩一件大红遍地锦五彩妆花补子袄。

　　穿好衣服，她在绾好的发髻外戴上金梁冠。冠儿正中插一枝金镶宝玉观音分心、一枝金镶珠宝翠梅钿儿，额上勒海獭卧兔儿、珠子箍儿，耳边低挂一对嵌宝耳环，胸前挂金镶宝坠领，皓腕戴一对金压袖。考虑到天气寒冷，她又命丫鬟取了貂鼠围脖、貂鼠皮袄放入衣匣。

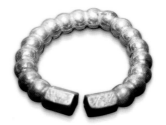

一对金压袖

作者摄于四川博物院

🌀 一、冬天到底怎么穿

（一） 裁制冬衣的面料

在打开男女主人的衣笼之后，将发现冬装的基本款式与夏装相同。女装无非就是袄衫、比甲、裙、裤，男装是袄衫、褶儿、氅衣、褴子、裤等。原来古人和我们一样，主要依赖衣料而不是"一身正气"抵抗严寒。

为了方便生活，古人根据岁时节令摸索出更换衣料的规律，宫廷更是提炼出一套换衣的程式：三月初四换穿罗，四月初四换穿纱，九月初四再次换穿罗，十月初四换穿纻丝，小雪后穿绒，来年立春后脱掉绒，三月初四再次换穿罗。除了极冷或极热之地，民间着装规律和宫廷基本一致，只因气温不同而略有出入。

1. 物廉价美的棉

在衣裤里面絮一层棉絮是最常见的抵御寒气的方法。棉絮通常由草棉的棉花弹制而成。待弹得异常松软之后，将棉絮均匀地铺在衣裤表、里两层面料中。除了棉花，富贵人家还会用絮蚕茧制成的丝绵，蓬松、暖和的程度更胜一筹。

2. 三六九等的皮裘

裘皮取材广泛，貂皮、银鼠皮、海獭皮、狐狸皮、貉子皮、羔羊皮、老羊皮、麂子皮、猪皮以及狗皮都是制作皮裘的材料。与经济实惠的御寒物棉花不同，裘皮的价格因等级而有很大的差异。

貂皮、银鼠皮和纯白色的狐狸腋下皮最为贵重，胞羔、乳羔皮也不相上下。经过芒硝鞣制过的麂子皮性价比较高，适合制作袄、裤、鞋、袜等衣物，穿着轻便暖和。老羊皮腥膻味浓重，制成的皮衣十分笨重，除了穷人没人愿意穿。猪皮、狗皮最为廉价，时常用来制作靴子、鞋子，兜售给底层劳动者。

传宋代郭思绘《戏羊图》中的白鼬皮衣

3. 绒，时尚圈的宠儿

冬日时尚圈当之无愧的宠儿是绒。绒织物也分等级，但与皮裘有所不同，绒的品质不仅依赖原料，还取决于工艺。

生产绒的原料来自绵羊和山羊。绵羊绒分两种，蓑衣羊（长毛型羊）的细毛可加工成毡和绒片，供应全国各地制作帽袜的作坊；浙江湖州出产的绵羊绒则是生产毡鞋绒袜的原料。山羊绒亦分两等，品质都比绵羊绒高。次一等的山羊绒被称为"搊绒"，由梳齿细密的枇梳下。用这种绒毛加工而成的绒毛布被称为"褐子"或"把子"。上等山羊绒被称为"拔绒"，是细毛中的精品，由两指顺势逐根拔下。用它织成的绒褐质感细腻，柔顺光滑，可与丝绸媲美。顶级奢侈品莫过于驰名天下的兰绒。兰绒又叫姑绒，出自兰州，每匹长十余丈（约 34 米），价值百金，深受富贵之家喜爱。裁制袄袍时，用厚重的绫做衬里，制成的衣物经久耐用，可穿数十年之久。

（二）四季着装搭配规律

跟随季节变换而变化的不只面料，还有着装层次。

无论贫穷还是富贵，男女老少的着装在三伏天最为单薄，只在贴身的汗褂外披一件纱衫或夏布衫。过了处暑，天气转凉，人们纷纷把无袖的汗褂换成长及手肘或者可以盖住手指的汗衫。

春秋两季的衫子
宋，佚名绘《货郎图》局部

在秋雨绵绵的时节，长袖的汗衫也不能抵挡秋日的寒气。此时需用缎、绢、绫、绸、棉布等面料替代纱罗，并将单层的衫换成有衬里的夹衣。女性还会脱掉纱罗抹胸，换上缎、绢、绫、绸、棉布等面料裁成的抹胸。

寒露之后，天气渐冷。人们纷纷换穿小袄、袄子御寒。若还觉得冷，可在小袄和袄子之间再添一件衬袄。当然，在袄子外披一件披袄、披风、氅衣、罩甲等外套也是不错的选择。

在雪花纷飞之时，暮秋时便晒好的皮衣终于派上用场。女性的抹胸还会再更换一次衣料，如同袄子那般薄薄地絮一层棉。在一年中竟然会更换多次抹胸，古代女性过得也太讲究了吧。

严冬的皮衣皮帽
北宋，佚名绘《婴戏图》局部

夏季穿的汗衫纱裤
明，计盛绘《货郎图》局部

（三）小袄

小袄是女主人冬季贴身穿着的内衣，尺寸较女装基本款袄衫小。它的样式和汗衫相仿，竖领对襟，衣身长 90 余厘米，遮住膝盖；通袖长 160 余厘米，几乎遮住整个手掌；袖宽 28 厘米，袖口宽 15 厘米，窄长的袖管缓缓向上划出一个弧度。小袄以万字曲水纹缎为表，素绸为里，中间絮三两丝绵，领子和衣襟上共缀五对丝质纽襻扣，设计风格较袄衫更加朴实。

紫绫小袄形制示意图
着装效果见"女性冬季着装层次图"部分

（四）衬袄

　　女主人穿在紫绫小袄外的是一件月白
色衬袄，无领对襟，通袖长近200厘米，
袖形与小袄相似，只是袖宽和身长略大。
上半身层层叠叠，双腿总不能在寒风中瑟
瑟发抖，所以女主人也将纱裤换成棉裤，纱
裙换成夹裙。于是，那条用杭州绢贴里的翠
蓝缎子宽拖遍地金裙便有了用武之地。

月白衬袄形制示意图
着装效果见"女性冬季着装层次图"部分

（五）披袄

1. 披袄的形制

　　皮衣的款式如毛皮种类一样丰富，有
袄、裤、披袄、披风、罩甲等。看到这里，
我们的脑海中会出现一个大大的问号：小
袄是贴身内衣，披袄又是什么？披袄是一
款御寒的罩衣，穿在袄子的外面，用途和
羽绒背心相似。它与袄子最大的区别在于
敞开的袖口和较短的袖长。不过千万别受
当代时装的束缚，认为明代的短袖不会长
过手肘。从文物来看，通袖长从盖过手肘（约
100厘米）到190厘米都是可以的。

穿圆领对襟披袄的王昭君（披袄袖长盖过手肘）
明，佚名绘《千秋绝艳图》局部

穿披袄的观画仕女（披袄饰花边，袖可能长及手腕）
明，佚名绘《仕女观画图》局部

　　披袄的样式亦不单调，有竖领对襟、方领对襟以及圆领对襟等几种。女主人的貂鼠披袄为圆领对襟，领子和衣襟上饰华丽的泥金眉子。貂鼠披袄通袖长 140 余厘米，穿着刚刚盖住手掌。袖子不收口，大红遍地锦补子袄那华丽的袖子便钻了出来。

圆领披袄的形制示意图
着装效果见"女性冬季着装层次图"部分

一件明中晚期的披袄，样式为竖领对襟
作者摄于四川博物院明代服饰展

2. 眉子，披袄的装饰

眉子是装饰在衣襟上的花边。明代的眉子宽一寸左右（按照裁衣尺，明代的1寸宽3.4厘米），和晚清繁复的滚镶相比，十分纤细可爱。不过狭窄的布条也会限制设计，通常只能撷取一处小景。虽说只是很小的装饰区域，但人们还是乐此不疲地去点缀，织金、泥金、妆花、刺绣，但凡你能想到的工艺，都能在眉子上面寻得。

饰有织银眉子的纱衫
谷大建摄

3. 泥金瓜鼠纹

泥金是一种装饰工艺。匠人先将金箔研磨成金粉，待与胶黏剂调制好后，或将花纹细细描绘在裙上，或通过刻好的印版将图案印在裙上。圆领披袄的眉子上就印着一根细长的蔓藤，颇有规律地牵出累累果实。果实之间穿梭着呲着牙的黄鼠，它们专注地盯着果实，大大的眼睛暴露了想将其据为己有的小心思。

这便是备受世人青睐的装饰素材——瓜鼠纹。它的风格生动活泼，充满田园野趣。熠熠闪光的金粉带来强烈的视觉冲击效果，让人沉醉在太平盛世下那不为饥寒所困扰的快乐中。

4. 出风头的风毛儿

在我们眼中，皮草是富丽奢美的象征，哪怕不穿皮衣，也不忘在衣帽上高调地缀个毛领或是毛条。但古人不认同这份美感，定要将皮草藏在靓丽的丝绸下。直到民国时期，这份毛茸茸的富贵才彻底征服摩登青年。

—— 眉子上装饰的泥金瓜鼠纹

袖口、下摆等处露出的风毛儿

既然并不认同皮草的美，那么明代人穿皮衣到底图什么呢？答案是保暖和炫富。可皮裘作为里子，如何显示财势呢？只在衣襟、袖口、下摆等处露出一圈油光水滑的皮草即可。这种装饰叫"风毛儿"（明代古籍中有时也写作"蜂毛儿"），清代人又称它为"出锋"，近代人所说的"出风头"很可能是从这里发展而来。

5. 皮衣，贵妇圈子的敲门砖

就在归家的女主人处理家务之时，邻居派人送来帖子，邀请妻妾几人赴宴。

为了府上的体面，女主人吩咐仆妇备好皮袄，又让人取一件青镶皮袄给囊中羞涩的小妾。怎知她看不上这件旧皮衣，赌气说像穿了黄狗皮一般惹人笑话。青镶皮袄自然比专供社会底层的猪狗皮袄高级，但那时的贵妇都穿价值六十余两银子的貂鼠皮、银鼠皮，衬得这件价值十六两银子的皮袄很寒酸，毫不留情地拉开小妾与贵妇圈子的差距。

6. 宽大，解锁高级感的密码

面对吵闹的小妾，女主人有些疲惫。她选择安抚小妾，并承诺给她翻新皮袄，将歇胸（即补子）换成新的。小妾得了承诺，又见皮袄宽宽大大的，很是气派，这才妥协了。

半新不旧的皮袄折射出明代的审美：凸显身材曲线的衣服并不美，宽大的才能穿出高级感。这是不同于当代审美的时代特色。虽与我们的想象截然不同，但它的光彩也值得细细品读。因为没有人能保证，现代人的审美水平会比古人的高，更不用提现代服装也可以成为跨越时空的经典了。

绛丝《"九阳开泰"图》局部

缝缀在皮罩甲上的歇胸
宋，郭思绘《戏羊图》局部

（六）卧兔儿和围脖儿，不可或缺的御寒小物

头部、颈部也需要特别关照，免受寒冷天气的侵袭。女主人在额上戴了件海獭皮做的卧兔儿，脖颈处系了个围脖儿，又让丫鬟烧了个铜丝手炉捧在手上。

卧兔儿和围脖儿

卧兔儿的出现源于头箍的盛行。它的样式与头箍大致相同，是用皮裘制成的条状物。穿戴时并不是直接围在额头上，而是与头箍同时佩戴。到了崇祯时期，人们称这种无顶的毛皮套子为"昭君卧兔"，可能因为当时的人们喜欢以远嫁塞外的"昭君"来代替称呼具有游牧民族特色的物品。到了清代，人们干脆称它为"昭君套"了。

围脖儿在当代仍在使用，因此很容易想象。风领的样式、穿戴方式和围脖儿大同小异，只是尺寸大了许多。

风领

二、女性冬季着装层次图

先贴身穿小袄

再选择穿保暖用的衬袄

然后穿女装基本款袄子、裙子

严冬时节穿的皮披袄

场景七 风雪中的归途

　　朝山（到名山寺庙烧香参拜）后，女主人匆忙踏上归途。行至半途，雪花纷纷扬扬地飘落下来，原本热闹的大路变得冷冷清清。行人稀稀疏疏，他们穿着雨衣、戴着雨帽和眼纱，踩着油靴、棕屐，踏着那乱琼碎玉往家里赶。

一、雨具，难道只有青箬笠、绿蓑衣？

　　张志和曾写了首《渔歌子》："青箬笠，绿蓑衣，斜风细雨不须归。"于溪边垂钓这件再琐碎不过的小事，在这首词中经过三四种寻常色彩的点染，生出一种出淤泥而不染的怡然自得。这是很有趣的体验，却也给现代人带来困惑，令他们误认为古代的雨具只有蓑衣、斗笠。

牧童的雨具
宋，郭思绘《戏羊图》局部

　　蓑衣、斗笠的确是历史最为悠久的雨具，但在元代它们成了农具，或是用来扮演农夫、渔夫、樵夫以显示远离尘嚣的道具。城里人几乎都穿用油绸、油绢制作的雨衣。

穿蓑衣、戴斗笠的渔夫
明，倪瑞绘《捕鱼图》局部

二、城里人的雨具

（一）雨衣

　　油绸、油绢即浸涂了桐油的绸、绢，可防雨雪。雨衣多用红、绿、玉、深蓝等颜色的绸绢制作，但统统不及黄绸绢有趣。后者因浸润了桐油而变成琥珀色，得了个"琥珀衫"的雅称。如果因为琥珀衫风雅的名字而对雨衣的样式生出期待，肯定会令你大失所望。人们并没有在这方面去创新，雨衣基本沿用日常便服的款式。我们在雨具店也只能找到油绸绢斗篷、道袍或贴里。

城里人的雨具：雨帽、油绢（绸）道袍、棕靸

（二）雨帽

　　总的来说，城里人的雨帽有两种样式。一种用油布制成，帽体状若方巾，周围加一圈宽大的帽檐遮蔽风雨；另一种用竹篾编成帽胎，表里均糊一两层布帛，最后涂上黑漆防止雨水渗透。

雨帽（一）

雨帽（二）
明，佚名绘《货郎图》局部

（三）油靴与棕靸

　　在见识了雨衣、雨帽后，我们对油靴的好奇降低了许多。它的确很是寻常，只是为了防水、防滑而在皂靴表面涂了油蜡并在靴底掌了数枚圆头钉。

　　有了油靴，自然会有钉鞋。它是男女通用的鞋套，也是用皮制作而成的，外面涂上油蜡，底上附着铁钉，只是不像油靴那般有着很高的靴靿。由于材质的选用，钉鞋多少有些笨重。但铁钉撞击石板而发出的声音很是清脆铿锵，好像可以抚平心中的躁动，人们很乐意穿上它从石板路上缓缓走过。

　　为了减轻钉鞋的重量，南宋时期又出现了新的款式，俗称棕靸。它由棕榈皮加工而成的棕丝编成，比日常所穿的鞋靴稍大，防滑功效不亚于钉鞋。

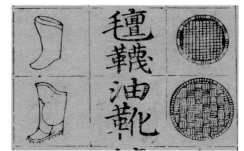

《新编对相四言》中的毡袜和油靴

油靴

棕靸

（四）防风防尘的装备——眼纱

　　眼纱又叫眼罩、面衣，是一块长约一尺（34厘米）的方巾。为了不遮挡视线，人们在双眼的位置开一小窗，罩上黑纱。纱稀疏轻薄，透气性颇佳，很适合遮挡风尘，功能和帷帽、裁帽上的垂纱有相似之处。

　　用过眼纱的人很快发现眼纱还有其他用处：旁人很难通过眼纱下一双影影绰绰的眼睛辨别自己的身份，自然免去无数招呼和问候——由自己决定是否进行社交的感觉实在太棒。由于遮掩身份的作用，戴眼纱还涉及一种特殊的官场惯例，即京官外谪离京时，须以眼纱蒙面。蜚声文坛的刘天民偏不遵守这个惯例，他认为自己并未做令朝廷蒙羞的事情，哪怕被贬谪，也不该戴着眼纱灰溜溜地离开京城。

雨帽和眼纱

第四章

用于
正式拜访
的礼衣

场景八
官员间的正式拜访

　　八月下旬，分管本地治安和刑罚的男主人接到了门房拿来的大红帖儿。打开一看，原来是同事前来拜访。男主人无法，只得去书房重新穿衣——刚在大厅上脱掉的补子圆领，已由仆童收进书房的橱柜中。

　　良久，穿黑青纱五彩洒线猱头金狮补子圆领（明代古籍中有时会将"圆领"写作"员领"），系合香嵌金带的同事才在属吏、小厮的簇拥下进了大厅。男主人冠带整齐地出来迎接。两人依照礼仪相互问候，然后分宾主坐下。

官员的正式拜访
崇祯五年（1632）尚友堂刊本
《二刻拍案惊奇》书前版画

正式拜访流程图

拜访者写拜帖

↓

仆人将拜帖装入拜匣，送至主人宅院

↓

仆人将拜帖取出，递给门房

↓

主人外出 ← → **主人在家，读完拜帖**

主人外出分支：

拜帖留在门房，仆人返回报告

↓

待主人归来，门房递送拜帖

↓

不便接待　　同意接待 →

主人在家分支：

不便接待　　同意接待

↓

不便接待→仆人返回报告

同意接待 ↓

遣人回复拜访者，主人换上盛服
（主人换上盛服，命仆人准备招待。若拜访者地位不如主人，需着盛服尽快前往；若双方地位相似或者拜访者地位更尊贵，拜访者摆足架子，着盛服登门）

↓

拜访者在仪门外下马或下轿，主人迎至大厅

↓

双方在大厅上依尊卑相互行礼

↓

拜访者仅为1人（双方分宾主落座）　　**多人同时拜访（依尊卑确立座次后落座）**

↓

上第一道茶和茶果，先捧给客人，再捧给主人

↓

双方吃完第一道茶，开始讲正事

↓

拜访时间较短，不再上茶果　　**拜访时间较长，按规矩上数道茶和茶果**

↓

讲完正事，上最后一道茶和茶果

↓

拜访者起身，主人送出大门，双方互相行礼

↓

拜访者请主人回府，主人返回大门内，双方再次相互行礼后拜访者上马或上轿

↓

主人再一次走出大门，目送拜访者离开后方回

🌀 一、标榜身份的服饰，名利场的正式交际礼仪

在正式拜访中，宾主双方都会换上符合身份的服饰。倘若还穿便服，会显得不懂礼数。

对于地方官员来讲，用于该场合的服饰是常服。常服并非日常生活的便装，而是官员到职办公、常朝官参与早朝的一整套冠服，由乌纱帽、补子圆领、粉底皂靴以及革带等组成。

（一）乌纱帽

乌纱帽以细竹丝编成帽胎，表面覆两三层黑色漆纱，大致可分为呈半球状的前屋、帽翅以及后山三部分。它是复古的产物，外观与唐代幞头很相似，只是随着时间的推移，乌纱帽拥有了自己的风格。原本因模仿幞头脚而弯曲向下的帽翅变得阔大而平直；低矮的后山也于嘉靖晚期拔高到一尺（34 厘米），戴着颇为雍容。

乌纱帽
明正统二年（1437）谢环绘《杏园雅集图》局部

低矮的乌纱帽
明，倪仁吉绘吴氏先祖容像，核桃蛋摄

明后期的乌纱帽
参考万历皇帝赐日本大名上杉景胜冠服绘

（二）黑色纱扁金补子圆领

　　黑色纱扁金补子圆领是用黑纱裁制、胸背襕有织金补子的圆领袍。圆领袍是官员常服的重要组成部分，其形制为圆领右衽，袍身长及脚背，衣身两侧开衩并接摆。袍用纻丝、绫、罗、纱等面料裁制，所用颜色不拘，红、蓝、黄、绿、褐、玄等皆可。

大红云罗鹤补圆领袍
谷大建摄

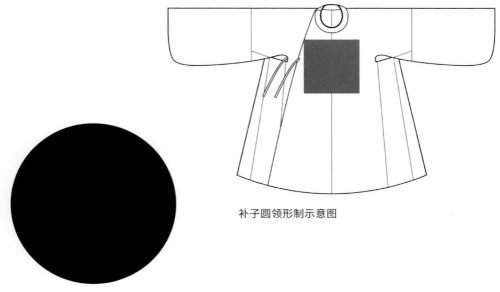

补子圆领上的云纹

补子圆领形制示意图

（三）补子

1. 何为补子？

　　补子是缀于圆领袍胸前和背部的方形或者圆形的装饰区域，可以装饰飞禽走兽、植物花卉等各种纹样。它源于元代的胸背，于洪武二十四年（1391）被赋予区别官员品阶的职责。从此，织缀着不同纹样的补子有了细分着装者社会地位高低的功能。

代表风宪官（即监察、执行法纪的官吏）的獬豸补

代表三品文官的孔雀补

代表六品、七品武官的彪补

　　既然补子象征社会地位，男主人理应穿代表五品官员的熊罴补子。但受违制风潮的影响，三品以下武官僭用狮子补的情形自嘉靖朝起司空见惯。由于穿上代表一、二品的狮子补不会对仕途产生任何负面影响，男主人和同事纷纷随波逐流。

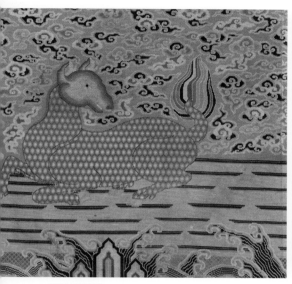

缂丝麒麟补
永乐皇帝曾赐长颈鹿名为麒麟，故明朝人也
会用长颈鹿纹代表公、侯、驸马、伯等勋贵

明代五彩洒线绣狮子补

2. 制作工艺的改进，从胸背到补子

早期的胸背不是独立的存在。它通过织绣等方式附在整匹布料上。那时若想穿一件织金胸背袍，得将整匹袍料交给裁缝。嘉靖年间，胸背逐渐演变成可以单独制作的补子，待完工后再撺在衣袍上。这意味着人们可以通过购买新补子而不是新衣袍来满足需求。女主人为二手皮袄换上新补子就是很好的例子。

一块拆下来的补子
补子上还残存着缝缀的线头和衣衫的残片

工艺的改进带来了便利。无须漫长的等待，也不用花更多的钱购买衣料，只需在衣袍或袄衫上缝两块补子便能使之焕发出新的风采。这无疑带动了补子的消费，也意味着更多僭越行为的发生——低阶官员的妻妾、富商的女眷本没有资格使用鸾凤、麒麟、锦鸡等纹样的，但补子降低了她们体验高层衣饰的门槛。

3. 扁金线，成就华服的工艺

在漫长的历史中，人们对黄金的狂热从未消退过。唐诗《丽人行》描绘杨国忠兄妹出行的装扮："绣罗衣裳照暮春，蹙金孔雀银麒麟。"用金银线绣出的孔雀、麒麟在衣裙上交错排列，是何等的富贵华丽。

明代人也爱黄金装饰的衣裙，只是明代多用织金工艺，将金线织入布帛，与唐代用金线刺绣的"蹙金"大不相同，但两者都得制作金线。先将黄金捶打成薄如蝉翼的金箔，然后将金箔粘贴在羊皮或竹制纸上，砑光后根据要求剪切，最终得到扁金线。再以扁金线作为纬线织成补子，得到所谓的扁金补子（元明古籍中有时会将"扁金"写作"遍金"）。

另有一种捻金线，以丝线为芯，在上面涂上粘胶，然后将扁金线均匀缠绕在芯线表面。它更多用在刺绣中，奢华耀眼程度不逊于织金工艺。

以扁金线织成的凤穿花图案

盘成花朵的捻金线

（四）革带

1. 革带的形制

革带是常服中必不可少的配饰，由带鞓、带銙、带扣等几部分组成。带鞓是革带的骨架，以皮革制作，内外两侧均裹带颜色布帛，上面缝缀着三台、圆桃等二十块带銙。与现在的时装皮带不同，革带带鞓共分三段，位于身前的左右两段于"三台"处合围固定，又在此处各自缀连一段副带。

副带两端原本有穿孔，供带扣的扣针插入，以便调节革带的围长。当革带的穿戴方式从束在腰间变成悬挂后，带扣也就失去存在的必要，最终被丝质套环取代。

一副明代革带的带銙（缺 1 枚圆桃）
作者摄于成都博物馆

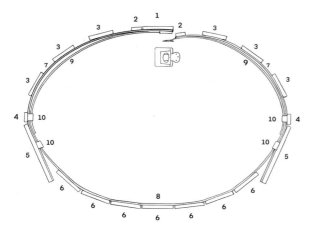

一副标准革带的结构示意图

1、2：革带扣合处名为"三台"的带銙

3：六枚名为"圆桃"的带銙

4：两枚名为"辅弼"的带銙

5：两枚名为"铊尾"或者"鱼尾"的带銙

6：七枚名为"排方"的带銙

7、8：三段带鞓

9：两段副带

10：固定带鞓的丝质套环

2. 虚束，革带的穿戴方式

男主人的革带围长接近 140 厘米，长度早已超过实际腹围，只能依靠缝缀在袍腋下的襻带（缝在衣服上用来套住纽子、革带的带子）悬挂在腰腹间。过长的带鞓使得革带松松垮垮地在腰间晃荡，毫无严正整饬之美。人们又在襻带旁缝了一对细带加以束缚，才使得革带不再胡乱滑动。

革带的上身效果及固定方式

3. 四指大宽萌金茄楠香带

若说蜜合色纱挑线穿花凤缕金拖泥裙释放了女性的绚丽，那么四指大宽萌金茄楠香带则展现出属于男性的华丽特质。四指大宽是指带鞓宽度，萌金即银镀金，茄楠香则是十分珍贵的顶级沉香香料。或许有人感到迷惑，萌金和茄楠香拆开讲都能理解，可合在一起又是什么意思呢？

这是带銙的装饰方式——银镀金的托座镶嵌用茄楠香木雕琢的带銙。如此搭配，茶褐色的茄楠香木因镀金托座的色泽而染上些许富丽堂皇之气，娴雅又不刻板，庄重却不沉闷。任谁看了都会赞叹一句真高级。

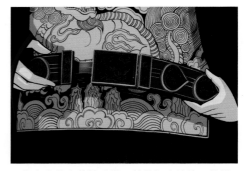

四指大宽萌金茄楠香带，革带扣合处的 3 枚带銙即"三台"，两侧的桃形带銙即"圆桃"

二、常服的穿着搭配层次

服饰若想得体，必定满足三个条件：正确的形制，合理的搭配，富有质感的面料。三者融合，方能生成极具美感且富有辨识度的服饰轮廓。

与现在的时装相比，常服的轮廓追求膨大。这就解释了各式褶裥和摆在男装中的普遍运用，以及为何古人格外重视内、中、外三个层次搭配的原因。在他们看来，仅穿好最外一层的圆领袍远远不够。

毋庸置疑，男主人仍然贴身穿汗衫或小袄，腰上系一条肥大的裤子，裤子外围一条裙子。它们会对圆领袍的下摆有一定支撑作用。

汗衫

衫袄外穿一件褶儿，褶儿腰间做无数细小的褶裥，加之衣料本身的挺括，使得褶儿下裳膨胀如半开的折扇。

褶儿

　　褶儿外穿黄色搭护，搭护外再穿圆领袍。搭护略短于圆领袍，样式为直领、大襟、右衽、秃袖，衣身两侧开衩，接结构和圆领袍极为相似的摆。

搭护的形制示意图

圆领袍的衬衣：搭护

正是这层层叠叠的着装和诸多设计，方彰显礼仪场合的隆重，撑起男主人的威仪。我们会觉得过于烦琐，但古人不这么认为，他们将"方便"一词抛诸脑后，一丝不苟地穿着。

官员的常服，乌纱帽、补子圆领、革带

场景九 黄昏时分的一场临时拜访

因有一项棘手的公务需要处理，男主人的同事在黄昏时分再次造访。听完门房通报，男主人并未更换着装，仅整理了一下身上的东坡巾和氅衣便到大门口迎接。

一、主随客便，需要牢记的官场礼仪

男主人未换穿冠带的举动令现代人感到疑惑：在两次拜访中，双方身份并未发生改变，但男主人的待客方式为何发生了改变？因为在一场拜访中，如果一方穿了便服，那么另一方得将礼衣脱下，换上相同规格的服饰后再进行交谈。肯定有人抱怨来回更换衣衫带来的麻烦，其实古人有方法能够避免。他们会吩咐门房留意拜访者的着装，尽量让自己的装束和宾客保持一致显然是再好不过的方式。

这套交际礼仪在地方官员拜访京官时就不太适用。按惯例，京官可以身穿缀补氅衣、行衣等便服接待地方官员；只有当地方官员资深望重时，京官才需换上常服。那么，行衣是一款怎样的男装呢？它的具体形制不见于古籍，仅知是用青色布料裁剪，领子、衣襟、下摆等处镶蓝色缘边。它带有正装的意味，除了用于官场交际，年过六十、德高望重、从未当过小吏和衙役的平民也能以它为礼服。

青衣蓝缘的行衣和大带

石谷风编《徽州容像艺术》明代彦标朝奉像

青衣蓝缘的行衣和大带

1617 年，鲁本斯绘尼古拉斯·特里戈像

🌀 二、男主人的便服

（一） 东坡巾

东坡巾是非常经典的头巾，相传为苏东坡所戴，故得其名。东坡巾的巾体为方形，由四面内墙组成。内墙外有重墙，较内墙稍低。将头巾戴好后，能看到棱角分明的内墙墙角正对眉心。许是为了冲淡内墙墙角带来的锐利气息，同时增添几分儒雅，巾后会垂一对飘带。

男主人热衷于戴东坡巾。他依靠捐纳得了个武官官职，自然不像士大夫那般得到很多尊重，于是总想在着装上效仿一二，仿佛这样能抹去出身的卑微，获得如同文人那般的超然地位。

东坡巾正视图
明，佚名绘《菁英盛会图》局部

东坡巾侧视图
明，戴进绘《达摩祖图卷》局部

（二） 氅衣

氅衣是一款男女皆宜的外套，直领、对襟、袖不收口，领襟、袖口、下摆等处饰深色镶边。它样式简约，风格典雅，拥有很高的人气。

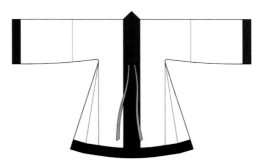

氅衣的形制示意图
氅衣两侧本不开衩，但后期也发展出开衩的款式

朴素的氅衣（若缀补则可升级为礼衣）
杨新主编《故宫博物院藏文物珍品大系：明清肖像画》

两侧开衩的氅衣
明，佚名绘《于慎行宦迹图》局部
王轩摄

　　与氅衣样式和用途相似的是披风。它不像氅衣那般周身镶缘边，但衣身两侧开衩且作褶。披风不像氅衣那般一直保持朴素。有人崇尚奢丽，在领子处缀一枚玉扣花用以扣系，又在领子、衣襟、袖口等处装饰缘边，成功提升了披风的精致感。

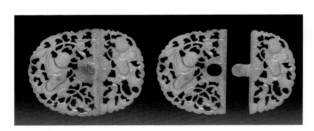

披风的玉扣花

精致的披风
明，佚名绘妇人容像

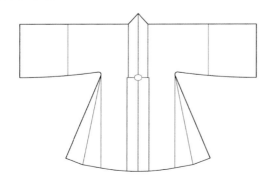

披风的形制示意图

场景十 官员和儒生之间的正式拜访

自从男主人做官之后，来往书简多如流水。作为职场新手，他颇有些手忙脚乱。一番思量之后，他起了聘请秀才做西宾（古时候对幕僚或者家塾教师的尊称）的念头。

九月的某一天，门房送来拜帖。男主人一看，赶紧穿好冠带到前厅外迎接。在小厮的引导下，穿着青衣的李秀才走过来。男主人看他丰神俊朗，心中很是欢喜。双方谈妥聘用事宜后，男主人亲自将他送至大门。

一、尊重儒生，又一项名利场的交际礼仪

会不会有人受落魄秀才孔乙己的影响，不理解男主人对儒生的敬重？以接待同事的相似礼仪接待李秀才，到底是礼数周全还是出于对读书人的过分敬重呢？

官员身份虽尊贵，却不能因尊卑有别而不给儒生体面，否则就是十分严重的羞辱。按惯例，作为被接待的一方，儒生在正式拜访中须穿上最高规格的礼服以示尊重；作为接待方，地方官员必须穿常服。

儒生拜见地方官员
明刊本《元曲选》插画局部

二、儒生的礼服

（一）儒巾、襴衫的形制

　　自唐代开始，襴衫便成为读书人最高规格的礼服。明代承袭传统，仍令儒生以襴衫为礼服。然而，沿袭并不意味着墨守成规，针对襴衫的改革从未停止：用儒巾替换软巾，取消襴衫下摆拼接的横襴，将不吉利的白色改为蓝色。正是这一系列举措，儒巾、襴衫成为生员（经本省各级考试进入府、州、县学读书的学生）的代名词。

　　了解了关键信息，我们能给李秀才画一幅速写：他头戴一项儒巾，儒巾以黑绉纱制成，内衬漆藤丝或麻布，巾体前低后高，外形犹如屋脊。身穿一件青色襴衫，襴衫衣身两侧开衩，开衩处如圆领袍那般接外摆；腰上围一条蓝色绦儿，绦儿如革带一般松松垮垮地挂在腋下的纽襻中，绦儿末端系穗子，慵懒地搭在身后。

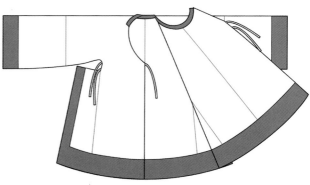

襴衫形制示意图

南宋读书人的襴衫
下摆拼接宽阔的横襴（注意襴衫下摆处的横向接缝），横襴上作褶
南宋，周季常、林庭珪绘《五百罗汉图》局部

儒生的礼衣：儒巾、襕衫、蓝色绦儿

嘉靖后期，男装进入高巾帽时代。乌纱帽、儒巾、小帽等纷纷拔高，甚至高至34厘米。

万历二十年以后，人们开始感到厌倦，才慢慢终结了此潮流

（二）儒巾、襕衫的寓意

儒巾、襕衫之所以能有历经千年风雨的底气，与它们被塑造成道德符号分不开。

儒巾的巾顶像起司，如摁倒四方平定巾（又称方巾，详细介绍见第五章）一角，寓意"安民"，百姓安定即国家安定。后垂的一双飘带，是期望儒生在享有较高社会地位的同时仍然能保持谦和的姿态，不欺凌弱小。襕衫有皂色镶边，寓意行为端正，为人处世受道义规范。腰束绦儿，象征遵循礼法，谨言慎行。并且"绦"又谐音"条"，寓意处理事务有条有理。

戴儒巾、穿襕衫的读书人
明刊本《元曲选》插图局部

戴儒巾、穿襕衫的读书人
腰系绦带，绦带末端系穗子
王轩摄

场景十一　名利场中的另类羞辱

一位身份体面的人会如何羞辱别人？用犀利的言辞进行人身攻击？还是将之痛殴一顿？这些方式过于低级，他哪种都不会选。他会寻觅一个恰当的时机，利用烦琐的礼仪狠狠反击，让对方颜面扫地。

譬如男主人在接待某位监生时，故意只穿便服迎接。待他离开，男主人再次以自己穿着"亵衣"为由，仅送他至二门。

一、官员在正式社交场合中的"亵衣"

（一）忠静冠

男主人的"亵衣"并非贴身内衣，而是忠静冠和日常穿的便服。若是日常交往，这身衣服倒也合乎礼节。只是用在与儒生交际的正式场合，未免太过轻慢。

忠静冠又称忠静巾，以铁丝为框，以乌纱、乌缎、黑绒等织物为表，冠顶中间微微隆起，冠体上饰金线（四品以下官员的忠静冠改用浅色丝线）。冠后列两座山峰状冠耳，亦镶金边。忠静冠本为七品以上在京常朝官员、八品以上翰林院及国子监等官员、各府堂官、州县正官、儒学教官、都督以上的武官的燕居服。在僭越风气的影响下，急于标榜身份的男主人无视了这条规定。

忠静冠
明，王圻、王思义撰写
《三才图会》插图

忠静冠实物图
谷大建摄

（二）直身

　　戴忠静冠时本应穿忠静服和深衣，奈何男主人总是随意搭配。白绫袄子、丝绒鹤氅、绿绒补子贴里，甚至颇具戎装风格的青绒狮子补罩甲，他都有尝试。在接待监生时，他干脆披了件柳绿绒直身。直身是明代男装最基本的款式之一，样式和道袍相似，只是在衣身两侧开衩处各接一对与圆领袍相似的摆。

绿暗花纱直身
谷大建摄

直身形制示意图（正面）

直身形制示意图（背面），腋下的襻带用来悬挂绦子、绦环

二、监生的青衣

（一）青衣的形制

监生的青衣即青圆领，样式与襕衫相仿，但无皂色镶边。它的搭配与襕衫略有不同，需内衬一件衬摆。然而实际情况与规定总有偏差。不知从何时起，襕衫开始接摆，也会内搭一件衬摆。

监生最高规格的礼衣本该是襕衫，只因明宣宗觉得青衣更衬人，才换了青圆领。大概觉得皇帝因外观而改变服制不够庄重，王夫之宣称换穿青圆领是朝廷对举人的破格褒奖。不过他坚持贡生、监生没必要更换，因为襕衫更符合礼制。

（二）青色到底是什么颜色？

荀子的《劝学》中有这样一句名言："青取之于蓝而青于蓝。"我们通常用它来比喻后人胜过今人，却不曾细究"青"到底是什么颜色。现代人笃定青色是绿色。然而古人却推翻了这个观点，他们规定青色是蓝色，绿色则是青色与黄色的混合色。

只有追溯到荀子生活的时代，才能了解青和蓝的真正含义。那时候的"蓝"并非颜色，而是一种名叫"蓝"的植物。《诗经》中的"终朝采蓝"便是采摘蓝草的意思。古人为何要收集蓝草呢？当然是提取染料靛蓝。

靛蓝的颜色很是饱满浓郁，但染一次仅能得到淡蓝色的布料。为了得到理想的颜色，人们必须多次叠染。随着工序不断重复，蓝色越来越深。此时如果加入五倍子等染黑色的染料套染，能得到接近黑色的玄色（又称黑青色）；倘若加入染黄色的黄栌和染黑色的杨梅树皮，亦能得到玄色。这便是青圆领的颜色总是游走在深蓝与黑色之间，有时甚至带些绿的原因——染色配方不固定。

监生的礼衣：儒巾、青圆领、绦儿

第五章

出席筵席
的盛装

场景十二 由官员妻子主持的高规格筵席

　　正月十五这日是女主人宴请仕宦人家女眷的日子。她特意起了个大早，安排仆人做最后的准备工作。待一切妥当后，才回卧室重新装扮。

　　此次妆容比朝山时的盛装更加隆重。只见她头戴一顶珠翠冠，身穿着大红五彩织金妆花四兽朝麒麟通袖缎袍、官绿百花裙，束一围宝石闹妆，裙边禁步叮当作响。宾客们也是盛装打扮。最有权势的一位老太太戴着叠翠宝珠冠，身穿大红宫绣袍，客套而疏离地与女主人相互问候。

戴珠翠冠、穿大红通袖袍的于慎行妻子秦氏

王轩摄

高规格筵席流程图

喜从天降，决定宴请宾客 → 确定筵席的规格，写请帖 → 派仆人递送请帖

仆人从拜匣中取出请帖，递给门房

仆人讨要宾客回帖，主人据此进行一系列准备

酒筵当天，主人做好最后的准备，派仆人催邀宾客

宾客地位不高，收到催邀后着盛服赴宴；
宾客身份尊贵，三番五次催邀后方出门，此时往往已是正午

喝道声渐近，门房禀报主人，乐工奏乐欢迎

主人着盛服，率众人到仪门外迎接

迎堂客（女宾）入后厅，相互行礼　　　迎官客（男宾）入前厅，相互行礼

依尊卑秩序入座、寒暄、请男主人着盛服出来拜见众宾客

请众人到女主人卧室或专门的房间宽盛服　　　在前厅或吃茶的场所宽盛服

吃茶，去花园游玩

齐聚前厅，筵席正式开始。依尊卑秩序入座，递安席酒

主宾点戏，厨役上第一道汤饭、大割（又称"大下饭"，主菜的意思）

三汤五割献完，明月初升，筵席进入尾声 ← 第三道大割上完，宾客匀脸、换衣

主人复邀宾客到后厅、花园等地饮酒作乐，歌姬献唱

一更至三更间，主宾拜别，主人款留不住，起身相送

主人送宾客到大门首，最后一次给宾客递酒以
表依依不舍，饮酒后众人分别

主人吩咐家人收拾餐具、陈设

女主人回后院卸妆，换便服与男主人讲话　　　男主人视时间，攒剩下看馔，与亲友伙计饮酒作乐

伙计、仆人攒剩下看馔，饮酒作乐

☁ 一、官员妻子的盛装

（一）奢华，盛装的主基调

定会有人痛心疾首：老太太把自己搞成"珠宝展示台"尚能理解，女主人作为时尚女青年，怎能放弃素淡的衣裙，拒绝"清水出芙蓉"的清纯、柔美姿态？女主人耐心解释：上流社会的盛装讲究奢华繁丽，若真如古风小说里女主那般稀疏地佩戴两三支首饰，定会招来耻笑。

什么样的衣饰才称得上奢华？是在蓬松的高髻上簪一朵和盘子差不多大的牡丹？还是身后拖着七八米长的大拖尾？这种衣饰只能出现在电视剧中，搁到明代实在太过寒酸。

妆容淡雅的仕女（出席正式筵席的反面教材）
明，唐寅绘《班姬团扇图轴》局部

（二）盛装的数量

得用衣衫的数量撕掉寒酸的标签。为了一整天都光彩照人，赴宴的女眷会准备三套礼衣。只要手头宽裕，没有谁会用一套衣服应付整场筵席。

第一套是标榜社会地位的盛服。民间习惯称之为吉服、大衣裳，主要用在出行、叙礼等环节。第二和第三套亦为吉服，但规格稍低，分别在吃茶前和筵席进入尾声时换上，待返回家中才会脱去。定有人想知道什么是吉服。它是用于岁时节令、寿诞、婚嫁、婴儿弥月、升迁、祭祖等场合的礼衣。它借用便服、常服的形制，以艳丽的色彩及织金、妆花、刺绣等奢侈的工艺装饰营造出一派喜盈盈的珠光宝气。

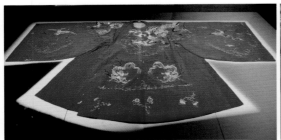

盘金绣　谷大建摄

妆花　谷大建摄

织金　谷大建摄

（三）盛装的备办

　　一般来讲，富贵人家的盛装是提前定制的。而在遇到光耀门楣的喜庆事时，他们也会不吝惜钱财特地赶制几套。以此次筵席为例，男主人为了府上颜面，一次替妻妾几人新裁制了十几套吉服。无须担心订单的工期，一位技术高超的职业裁缝可以在一天内将二三十件衣服裁剪完毕。然后雇十几个裁缝上门服务，保证一两天内完工。

　　服饰耗费财资甚多，囊中羞涩的官员、士人妻子以及蓬门荜户又该如何应付呢？如果只是不太重要的宴会、小集，挑衣橱里最好的衣服即可，它们通常用绸、绢、缎等贵重面料裁制；如果是与士人、官员同堂的大席，可以选择向亲友求助，也可以从专营租赁的商铺租下两三套。

（四）盛装的收纳和携带

　　娘子们如何收纳、携带如此多的衣饰？她们通常将衣饰和其他私人物品搁在衣箱中，并由仆人搬送。在更换衣饰之时，她们也不用亲自动手收叠、翻看，而是由负责收叠衣裳的仆妇代劳。因此，判断一位娘子到底什么来头，不能仅凭她的衣饰，因为她可以咬咬牙，租一两套吉服，再掏五六分银子雇顶小轿。我们得看随行仆人数量，即便当时人工较为低廉，能一次带出几名聪明伶俐的丫鬟和仆童也是相当不容易的。

春游归来的队伍
画中的官员在出行时共携带了九名仆人，
其中一人挑着盛有衣饰、游具的提匣
宋，佚名绘《春游晚归图》局部

拿着包袱的小厮
如果衣饰较少，可用一方包袱皮裹好
明万历年间陈昌锡著《湖山胜概》插画局部

（五）盛装的组成

1. 珠翠冠

　　（1）珠翠冠的形制

　　官员妻子的盛装由珠翠冠、圆领袍以及革带组成。珠翠冠又名珠冠、翟冠、凤冠，是官员妻子规格最高的首饰，由冠胎、金饰件、珠翠饰件等构成。冠胎通常用细竹丝、铜丝等材料编成，呈圆框状，下接口圈，表敷黑色绢帛，再用细金属丝固定珠翠饰件，看着异常华美。

　　珠翠冠的造型很容易受时尚潮流的影响。不同于明早期仅罩住发髻、露出四鬓的样式，女主人的这顶异常高大。它高约 34 厘米，底部直径约 19 厘米，如同男性巾帽那般戴在头上，变大的冠身携口圈同扩围。为了呈现更多的巧思，工匠用翠云（凤冠上用翠羽装饰的云形饰件，详见珠翠冠的解析图）隔出宽 10 余厘米的区域，内饰各式珠花。远远看着，像一块裹在额头上的质感挺括的头箍。

（2）金凤簪

如果说珠翠饰件光彩夺目，那么一对金凤簪也毫不逊色。它的形体十分修长，通长约 30 厘米，堪称簪中之最。和挑心、满冠等大簪子一样，凤簪的簪脚扁平，于簪首连接处划出一个优雅的弧度后向下延伸。这表明凤簪的插戴位置——接近冠顶之处。

凤簪是礼制的组成部分，设计需遵循一定的程式。因此凤簪簪首总擎着一片祥云，托出一只振翅的凤。凤鸟风姿秀美，高衔一挂珠结。

凤簪也是唐代时尚在明代的延续。它源自唐代女性盛装中口衔媚子（敦煌文书中称凤簪上悬坠的饰件为"媚子"）的雀钗，奢美华贵自不必多说，五六百年的沧桑又为它增添了几分历史的厚重感。不得不说，我国人民的骨子里总藏着难以磨灭的复古情怀。

女主人的珠翠冠

冠上珠翠饰件的数量和舆服制的规定有差异

金凤簪一对

川后摄

发髻上饰雀钗的盛装佛教信徒

（3）珠翠冠的造价，贵妇也会心疼

在简单了解珠翠冠的构造后，不妨给它估个价。考虑到那对金凤簪和铺满冠身的翠叶、翠云，五六十两银子大概足够。黄金翠羽虽贵，但比顶级奢侈品珍珠也逊色许多。一粒上好的珍珠价值二十余两银子；而优质南海珍珠，区区五十颗竟能开出五千两银子的天价。女主人没有资格享用上好的南海珍珠，饶是如此，她的珠翠冠还是耗费了四百余两银子。老太太的珠翠冠因选用更多的上好珍珠，耗费竟高达一千余两银子，相当于把整座豪宅顶在了头上，这就是男主人只给女主人攒造了一顶珠翠冠的缘故。他再怎么有钱，也会心疼白花花的银子啊。

嘉靖年间光禄正卿冯惟讷妻子的凤冠　　　孝洁肃皇后的凤冠

两顶凤冠表面均铺数朵或蓝或绿的翠云，但皇后的凤冠因装饰了更多品质上乘的珍珠和宝石而更奢华

（4）珠翠饰件的数量彰显分明的社会地位

官员阶层内部也存在金字塔。从九品到一品，可隔着好几座"山头"呢。如何凸显不同品秩之间的区别呢？皇帝亲自拍板：咱们可以在金银珠翠饰件上做文章。

制度规定：一品夫人的珠翠冠用珠结 2 个、珠翟 5 个、珠牡丹开头（怒放的牡丹花装饰）2 个、珠半开 3 个、翠云 24 片、翠牡丹叶 18 片、翠口圈 1 副、装饰口圈的金宝钿花 8 个。二到九品命妇，翠叶、翠云、宝钿花、翠口圈等饰件的数量大致不变，但珠翟的数量依照品秩递减。女主人这个五品官员的妻子，还能拥有 3 只珠翟；七至九品官员的妻子，便只配装饰 2 只珠翟了。

通过在数字上大做文章，各个等级被安排得清清楚楚，一望即知。能够做出如此简洁又严密的设计，恐怕不会有第二个国度了。可为何女主人的珠翠冠上用了 5 只珠翟呢？这是因为在明代中晚期，崇尚奢华的世风令逾越规制的现象屡见不鲜。

仅罩住发髻的珠翠冠

出自《故宫博物院藏文物珍品大系——明清肖像画》

2. 金镶玉葫芦耳环

打开女主人的妆奁，里面的耳环琳琅满目。八珠、梅花、灯笼、寿字、喜字、楼阁、人物，种种构思层出不穷。但它们统统不如葫芦耳环受欢迎，因为葫芦多籽又谐音"福禄"。为了与珠结相映成趣，女主人挑了一对金镶玉葫芦耳环。它有着异常夸张的 S 形环脚，以两粒镂雕白玉珠相缀成葫芦，又有几枚金葫芦叶覆顶托底，两粒白玉珠间再束一圈串成连珠的小金珠，造型大气又不失雅致。

金葫芦耳环

松松发文物资料君摄

金玲珑葫芦耳环

谷大建摄

金镶珠玉葫芦耳环佩戴示意图

3. 大红五彩织金妆花四兽朝麒麟通袖缎袍

（1）女袍的结构

女袍和男袍的结构相似，但是袍身两侧大相径庭。男袍袍身两侧开衩后作褶，之后又发展出外摆。女袍袍身两侧原本直接开衩，直到明中叶才在腋下作褶。女袍的褶共两对，从腋下一直延伸到袍底摆，它们均上深下浅，仅有上端被钉在衣襟上。通过这个结构，袍身自腋下开始外扩，如同半打开的折扇。

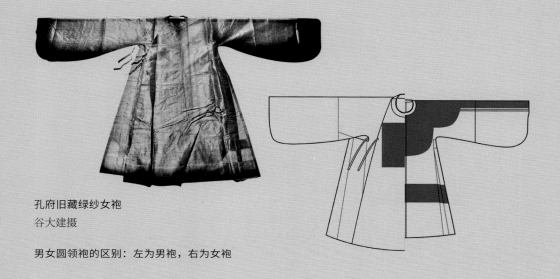

孔府旧藏绿纱女袍
谷大建摄

男女圆领袍的区别：左为男袍，右为女袍

（2）云肩通袖膝襕

与影视剧妆造中随意使用的花纹不同，圆领袍采用了云肩通袖膝襕这种规整的框架对纹样进行布局，提升了女主人雍容庄重的气质。云肩是环绕领口、覆盖前胸后背以及双肩的四瓣团窠，状若柿蒂；通袖是位于袍两袖的横向带状装饰区，内饰纹样相对简单且多与云肩相呼应；膝襕亦为横襕，只是装饰的位置从两袖上方转移到前后襟靠膝盖处。

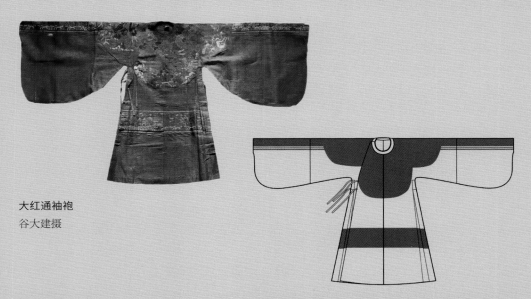

大红通袖袍
谷大建摄

通袖袍形制示意图，阴影部分即为云肩、通袖、膝襕

（3）主题纹样，四兽朝麒麟

确定了安放纹样的框架，接下来要填入纹样。通过袍的名字便可以猜出主题纹样为麒麟纹，只是按照基本构图程式，麒麟纹不会单独出现。先用辅助纹样海浪勾勒云肩，汹涌的海浪拍打在山峰上，包裹着古钱、金锭、花卉等杂宝，上方还翻滚着四色祥云和错落的繁花，显得气势磅礴。经过一番铺陈，四只麒麟卧在前胸、后背、双肩，它们均被小麒麟、老虎、獬豸、狮子四只小兽拱卫，如同君王一般。

 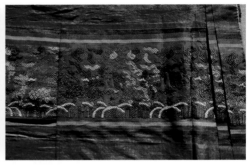

云肩内的纹样
谷大建摄

膝襕内相对简洁的纹样
谷大建摄

4. 金枝绿叶百花拖泥裙

搭配大红通袖袍的是百花裙。此类裙子因装饰各色花卉的裙拖而得名，是饰有横竖缠枝花裙襕的长裙的延续。它以提花工艺织成的折枝梅花和牡丹为底纹。花枝遒劲蜿蜒，花间蜜蜂飞舞，衬着缎子独有的光泽，显得十分清丽。裙子下方织两道粗线，划出带状裙拖区域，隔绝了花枝的蔓延。裙拖内以织金妆花工艺织成庭院小景。扁金线用来勾边，勾勒出太湖石和花鸟的轮廓；又以扁金线显花，织出俯仰高下、疏密斜正的花枝。各色丝线则通过妆花工艺织出嶙峋怪石、繁花绿叶以及飞舞的孔雀，很是奢华。

百花裙的裙拖
纹样为作者参考青州博
物馆藏房氏容像、龚鼎
孳夫人容像等设计

5. 掏袖，精致的装饰

　　装饰裙拖的庭院小景亦能在方寸间施展，不信可看掏袖。掏袖是袖子的缘边，可装饰或繁或简的图案。若单看绣在白色掏袖上的长安竹，设计感的确不强。但衬着百花裙，长安竹非但没被湮没，反而完美地演绎了那首《织锦词》："蝶使蜂媒无定栖，万蕊千花动衣袖"。

绣花掏袖

刺绣折枝长安竹

6. 宝石闹妆，不可或缺的配饰

　　"闹妆"并非夸张的妆容，而是指镶嵌了各式珠宝的革带。它的样式与男主人的革带相同，佩戴方式也如出一辙。

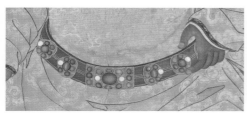

宝石闹妆
明宣宗坐像局部

女主人的宝石闹妆
带銙上装饰孔雀穿牡丹或折枝牡丹的纹样

7. 玎珰禁步

　　禁步是服饰中难得的声色俱全的配饰。因走动时饰件互相碰撞，发出"叮当"的清脆声响，故又被称为"玎珰禁步"。一副完整的禁步共计两挂。顶端饰荷叶形提头，提头底部有四个鼻环，分别系着四根丝线。每根丝线上均串缀着丝穗、盘长以及百物形饰件，它们可以是桃实、鸳鸯、慈姑叶、金鱼和秋蝉等等。

禁步的饰件虽种类繁多、用材不拘，但总以玉叶为主要装饰，估计是取"金枝玉叶"的寓意来凸显佩戴者的高贵。既是彰显尊贵的配饰，它便只能用于皇室宗藩、勋贵官员妻子的盛服。士庶女性哪怕腰缠万贯，也只有眼馋的份儿。

有残缺的玉禁步
核桃蛋摄

用丝线拴在闹妆上的禁步
根据清宫旧藏、定陵出土的禁步绘制

（六）盛装到底该怎么穿

女性的盛服同官员常服一样，也是层层叠叠、搭配有致。与日常装束相同，先穿好抹胸、小袄、裤、裙、膝裤，然后在小袄外叠穿一两件比圆领袍短的袄衫。袄衫用色不拘，花样不拘，但衬在圆领袍下的以青色袄衫居多。这种搭配程式可能是明早期女袍内衬青色褙子和缘襈袄的传承。

那么，袄衫到底是内穿还是外穿呢？袄衫是寻常日子里外穿的基本款，怎么又成了内衣？其实，除了贴身内衣以及外套，很多衣服在穿搭中的位置并不固定。到底内穿还是外穿，全看它在特定搭配中的规格。毫无疑问，青色竖领袄的规格低于圆领袍，因此在盛服中只能做圆领袍的内衬；圆领袍虽在盛服中是外穿的，但规格又比大衫低，故在礼服中只能做大衫的内衬。

百花裙的底纹

青色竖领袄的底纹——万古如意纹

大红通袖袍的底纹——缠枝西番莲
在明中前期一度禁止士庶使用

衬在圆领袍下的青色竖领袄

官员妻子的盛装：珠翠冠、圆领袍、革带、禁步

☁ 二、官员妻子的第二套吉服

（一）宽衣，上厕所的雅称？

　　行完见面礼后，众娘子按尊卑依次入座。刚寒暄了几句，坐了主位的老太太邀请冠带整齐的男主人出来相见。礼毕后，女主人邀请众人到房中宽衣。替女主人梳妆的插戴婆已在上房卧室内等候。她服侍女主人脱掉盛装，又麻利地挑了一顶金梁冠、一副金镶宝玉头面和一套裙袄让女主人过目。由此可知，"宽衣"并非现代人认为的上厕所，而是脱掉盛装，换上规格较低的吉服。

（二）金梁冠

　　妇女戴冠的风气可追溯至唐代，但在明代，女性的冠又发展出新的设计理念。妇女们会效仿男性戴莲花冠、偃月冠。此类男女冠最大的区别在于冠的尺寸——相比男性的束发冠，女冠通常是偏大的。

　　另一类则是女主人的金梁冠。冠体压出五道梁，冠底部的前后、两侧及正中均留有小孔，供一整副金头面插入。显然，它还可以被称为金䯼髻。有人会有疑问：䯼髻不是用金银丝、头发等材料编织的，外面再覆一两层皂纱的发罩吗？怎么又改用金银锤揲而成呢？

　　打造金梁冠的银匠可以满足我们的求知欲。他面带窘迫，磕磕巴巴地讲述着往事：我学有所成的那年，追求奢靡的妇女们抛弃了鬃毛、篾丝，开始争相用银丝编织䯼髻；十年之后，有人为了炫富，开始用金丝编织䯼髻；嘉靖三十五年（1556）前后，追求时尚的人们厌倦了金银丝，干脆直接用金银打造；如今，又有人嫌弃隆庆年间（1567—1572）流行的三道梁太少，定要在髻上饰五道甚至七道梁。

黔国公沐晟妻程氏墓出土的金冠
长 14.3 厘米，宽 5.6 厘米
核桃蛋摄

大小不及程氏金冠一半的琥珀偃月式束发冠
核桃蛋摄

金梁冠和金镶宝观音分心

冠体上的梁只是单纯的装饰，并不
像梁冠的梁那般有辨明官员品秩高
低的作用，嘉靖晚期开始流行

女主人宽衣后换上的吉服

（三）大红缎子遍地金喜相逢天圆地方补子袄

搭配金梁冠的是大红缎子遍地金喜相逢天圆地方补子袄。相信不少人已发现袄子的不寻常之处——"喜相逢天圆地方"，它描述的其实是补子的构图程式。按外形区分，补子大致分方形和圆形两种，而"天圆地方"则是两者的结合。不过它不是将两块补子摞在一起，而是用圆圈将一块方形补子分割为内、外两个装饰区域。

说起主题纹样的构图程式，我们得了解这样的细节：瑞兽独自蹲立，祥禽相伴而飞。前者可以参考男主人常服上的狮子补，此处不再赘述；后者是指禽鸟成对，呈回旋飞舞之势。这样的布局程式有个好听的名字，叫"喜相逢"。

"喜相逢"从阴阳鱼太极图中衍化而来，是一种兼具规矩和动感的图案。它最大的特征是用一道 S 形线条，将补子一分为二。补子上方彩织徐徐降落的彩鸾，尾翎状若卷草，拖着一缕绵延的云气；补子下方一只凤鸟乘风而起，尾翎呈火焰状，刹那间照亮四周，光芒将碧波都染透。此番光景充满吉祥、喜悦的欢乐情感，用"祥蔼盈庭"来形容再恰当不过。

天圆地方补子

（四）翠蓝宽拖遍地金裙

1. 何为宽拖？

若想了解宽拖裙，得从明中期风靡一时的膝襕裙谈起。裙子之所以以膝襕为名，不过是在膝盖附近装饰一道横襕。但膝襕并非是裙子唯一的修饰，裙子底部还有一道裙拖，只是相对细窄，花纹也较为简洁。

在女装步入长衣时代后，膝襕长时间隐藏在袄衫内，失去存在的必要。而位于底部的裙拖得到了人们的关注，慢慢踵事增华。它原不超过 7 厘米宽，后来拓宽至 10 余厘米、20 余厘米，甚至创下宽至 34 厘米的记录，被称为"宽拖"理所当然。

膝襕裙

出自解缙等撰《古今列女传》

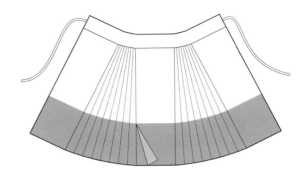

宽拖裙形制示意图

裙拖几乎占了整条裙子的三分之一

2. 华美的纹样，璎珞出珠碎八宝

宽阔的裙拖给予人们前所未有的装饰空间。我们几乎能在这里看到所有能想到的纹样，其中最经典的，当属璎珞出珠碎八宝。璎珞原为印度神佛和贵族身上的装饰，随佛教传入中国后又添入如意、方胜、珊瑚、万卷书等杂宝，最终成为华美的世俗装饰。

相比严肃端庄的宫廷，民间不太讲究节制和适度，紧跟潮流风向才是一贯的做法。故一时的美丽并不意味着经典，承载吉祥的寓意才是纹样长盛不衰的诀窍。正因如此，象征事事如意的如意，暗示财富的古老钱，寓意富贵的牡丹，代表圣洁的莲花，以及代表佛之说法广被大众的法螺等纹样，才会在近千年的时光流逝中避免沦落为明日黄花。

身披璎珞的水月观音

北京法海寺壁画局部

裙拖上装饰的璎珞纹

另一种璎珞纹

在铃铎、羽葆、琉璃珠的基础上组合了如意、古老钱、金锭、锦葵和梅花

3. 遍地金，高调而奢侈的工艺

　　仅将裙拖装点得精美还不够。裙拖以外的大片素净区域被扁金线铺满，只余缎子原本的纹路在金光中呈现出"一年景"的轮廓，繁丽耀目到了极致。这种金底起暗花的工艺被称为"遍地金"，是万历时期最流行的装饰。

集四季花为一体的遍地金"一年景"

三、官员妻子的第三套吉服

　　三更时分，老太太执意起身，穿着灯景（灯笼纹或者灯笼组合其他题材的花纹均称灯景）袄子的女主人只得送到大门首。递了拦门酒后，她命小厮放起两架烟火。

　　这件在筵席进入尾声时换上的金地缂丝灯景对襟袄是男主人从京城带回来的，颇具宫廷风范。袄子的风格很是富丽。清瘦嶙峋的太湖石矗立在繁花和杂宝中，勾勒出云肩通袖的轮廓。云肩内缂织五挂高高架起的灯笼，灯笼下妙人驻足。她们均梳堕马髻，穿着圆领短衫和曳地长裙，臂挽披帛，或捧各式杂宝，或观赏花灯，姿容分外娴雅。这种花样实在是太新颖了！就连挑剔惯了的老太太也紧盯着它，看似漫不经心，实则一直在打听它的来头，寻思着年节过后便命人也寻一件。

金地缂丝灯笼仕女对襟女衫衣料
出自《北京文物精粹大系》编委会、北京市文物局编《北京文物精粹大系·织绣卷》

金地缂丝灯笼仕女对襟女衫衣料局部 1

金地缂丝灯笼仕女对襟女衫衣料局部 2

场景十三 官场大会

在一番穿针引线之下，新上任的巡按决定屈尊莅临男主人的宅邸。男主人接到消息，铆足了劲儿做全套准备，唯恐自己礼数不周，怠慢了贵人，耽误了前程。

官场大会流程图

喜从天降，荣获宴请达官贵人的机会 → 主人定插桌、搭彩棚，做其他一系列宴请准备

主人着青衣冠带，早早站在仪门外迎接 ← 开筵当日，主人五更天起身做最后的准备

贵人着盛服，于大门口下轿，被簇拥着进大厅 → 宾主双方依尊卑相互行礼

主人向贵人、其余宾客献茶 ← 宽去盛服

吃茶完毕，再次奏鼓乐，替贵人簪花，彼此递酒安席

厨役献第一道汤饭和大割，教坊司伶官献歌舞 → 戏子呈上戏文手本，贵人吩咐搬演

一两折戏之后，贵人便要起身，主人款留不住，众人将其送出大门

主人送下程（送别时的馈赠）以及记录明细的手本至贵人宿处

天色尚早，主人吩咐收拾餐具、陈设，将看馔攒在一起与亲朋继续应酬

明，于慎行绘《东阁衣冠年谱画册》局部
王轩摄

插桌是点心铺专为高规格筵席制作的、插装在桌边的配桌。它分供食用的吃桌和供观赏的看桌。制作者会在桌子上摆放漆架，将菜肴码成高高的浮屠塔状；也会将糖点制成山水人物，上面装饰精美的绢帛花卉。这些食物被称为饤饾，起装饰的作用。在筵席结束后，主人通常会将插桌拆下来送给主宾。

一、官场大会的服饰

（一）官员的盛装一定是吉服？

莫笑男主人一脸紧张，官场礼仪比女性的交际更加繁缛。女主人很不服气：着装规则都是相通的，吉庆场合穿吉服，丧葬场合穿凶服。宴请巡按，肯定得穿大红补子圆领。按常理，女主人讲得一点都没错。不单官场大会，地方官员升职、祭祖、生意开张、祝寿、拜节，常朝官员拜冬、南郊（京都南面的郊外筑圜丘以祭天的地方）、省牲等场合均会如此穿着。

（二）青衣冠带，官场用来 谄媚的"妙招"

为了讨好巡抚、巡按，地方官员不顾体面，选择了青衣冠带，令周全的规定最终走样。这里的"青衣"不是青色衣衫，而是不缀补子的青色圆领袍；与之搭配的革带也不是男主人平日束的萌金茄楠香带，而是乌角带。

现代人感到疑惑，少了块补子怎么就不体面了？因为圆领袍若少了补子，就成了观政进士、庶吉士的制服。原来地方官员是通过服饰来贬低自己，以博取巡抚、巡按的欢心。不过他们始终无法回避这样的尴尬：青衣又称青素服，与黑角带一道，是用于国丧、忌辰、重大自然灾害期间修省的凶服。喜庆场合穿凶服，到底是什么意思呢？

某地方官员的吉服——大红补子圆领

穿青色圆领袍、束黑角带的庶吉士和小吏
明，于慎行绘《东阁衣冠年谱画册》局部
王轩摄

（三）鼓乐声中簪金花

有一样饰品在官场大会中必不可少，那便是一对花枝。这可把现代人吓了一跳：男人居然会在众目睽睽之下戴花？而且可以戴不止一朵？是要凸显少年郎的美貌吗？男主人乐了：这花压根不是给小年轻戴的，而是新巡按享受的殊荣。到底是谁想出的奇怪礼仪？答曰：宋人。宋代官吏一般将花朵插在幞头巾帽两侧。这种簪花方式叫簪戴。因是国家礼仪的重要组成部分，所戴花朵的外观、品种、材质、多寡均会围绕尊卑做出细致的规定。到了明代，人们对簪戴的狂热削减了很多。它的适用场合收缩到庆典和高规格筵席，专门用来表达人们内心的喜悦。

穿大红补子圆领袍、簪花的官员
明，于慎行绘《东阁衣冠年谱画册》局部
王轩摄

🌀 二、难倒新人的官场礼仪

在官场大会中，宽衣是士人、士大夫在筵席上躲不开的礼仪环节。不同于女性被引至卧室宽衣，男人们通常在大厅上完成这一礼仪。出身庶民的职场新人往往不知道穿脱常服要遵循特定的顺序，也不知道如何佩戴革带。明代官场可没有现代职场那般和善，弄错了定要承受铺天盖地的嘲讽。以下便是正确的脱常服顺序：

第一步，解下革带，脱掉补子圆领，换上便服；

第二步，摘掉乌纱帽，换上冠巾；

第三步，脱下粉底皂靴，换上鞋履。

那么，穿常服的顺序又是怎样的呢？为了不闹笑话，请务必记住穿常服正好和脱常服的顺序相反，依次为穿靴、戴乌纱帽、穿圆领袍、系革带。

男主人一脸愁容：倘若忘掉了该怎么办呢？不用担心，学官场老油条那般气定神闲地伸手，理所当然地享受长班（官员身边随时听使唤的仆人，又称长随）的伺候。身为特权阶层中的一员，哪里需要记这些琐碎的事情。

正在穿常服的官员
万历二十五年（1597）汪光华玩虎轩刊
《琵琶记》插图

不要以为弄懂宽衣顺序就能安安稳稳地吃完酒席了。还需要牢记更换衣服的次数，抑制住炫耀衣饰的欲望。通常来讲，男人在筵席中换一次衣服就足够了，超出约定俗成可是要被嘲讽的：一个男人怎么可以比女子还爱美呢？现代人半信半疑：多换几次衣服也会遭到攻击？你还别不信，南方士林为了攻击张居正穷奢极欲，散布他在一次筵席中更换了四套衣服的谣言。

场景十四 市井庶民举办的盛宴

十一月的某一天，商人张某为感谢男主人的关照，特地摆酒答谢。席间，男主人戴忠静冠、穿紫绒狮补直身、白绫道袍，独自坐了首座；他的西席李秀才戴方巾，穿绿缎道袍，坐了另一张桌席；而张某则戴一顶新盔（新盔即新做的意思）的大帽，穿沉香色衣撒，系一柄镀金嵌宝龙首绦钩，陪坐末座。

一、宽衣，被省略的筵席礼仪

与缙绅的筵席相比，市井庶民的正式宴饮最明显的不同是省去了宽去礼衣的环节。这意味着市井庶民无法享受精英阶层的礼节，也没有资格拥有常服以及襕衫，只能将时装充作吉服。这就是"礼不下庶人"。由此可见，受规矩约束并不都是坏事。它有时象征着绝大多数人难以触及的权利和荣耀。

🌀 二、官员的吉服

（一）紫绒狮补直身

　　勋贵官员莅临某些吉庆场合，尤其是其他参与者仅为庶民的场合时，穿常服过于隆重，穿便服又太过轻慢。具有半正式意味的吉服，恰能化解处于模糊地带的尴尬。说到吉服，不少人会将它和云肩通袖膝襕画等号，其实补子也是吉服的常用装饰。男主人穿狮子补直身，不仅能体现尊贵的身份，还能为筵席增添几分喜庆和热闹的氛围。

（二）紫绒狮补直身的搭配

　　前文曾提过许多衣服的穿搭位置并不固定，竖领袄衫如此，道袍亦如此。道袍和直身都是便服，本没有什么高下之分。可道袍遇到了紫绒狮补直身竟然低了一头，做了它的衬衣。这种变化源自直身上的狮子补。它和现代军人的领章、肩章有相似之处，能彰显着装者的社会地位。将官员的身份地位凌驾于士庶之上的现实延伸到服装上，便成了缀补直身的规格高于不缀补的道袍、直身以及袄衫了。

贴身穿小袄

衬以白绫道袍

最后穿官员的吉服：黑绒忠静冠，紫绒狮补直身

三、士人的便服

（一）方巾

按照社交礼仪，士人在与士大夫、武官或者佐杂官、小吏进行日常交际时，可以只穿便服。士人最经典的首服（泛指冠、巾、帽）当属方巾。方巾又称四方平定巾、四角方巾，其顶平整，略大于底部，巾体呈倒梯形，整体风格老成持重。方巾是士人身份的象征。民间一直都有"荫袭巾"的说法，即一人金榜题名，宗族姻亲都跟着挤进了文人阶层，纷纷脱掉小帽改戴方巾。

通过民间传说，不难看出士、庶两个阶层之间难以逾越的鸿沟。士人有很强的优越感，不屑于和庶人同伍，服饰也与庶人泾渭分明。倘若父兄并无功名，自己也不是医生、星士、相士，硬要僭越戴方巾，就为世俗所不容了。

对角戴的方巾

元末明初，谢环绘《香山九老图》局部

（二）绿缎道袍

道袍流行于隆万年间，其制交领右衽，领口常缀白色护领，衣身两侧开衩接摆。摆通过作褶、拼接等方式制成，折回后固定在后襟内侧。这样的结构使得里衣不轻易外露，在便于行动的同时，为着装者平添几分儒雅。道袍独一无二的美征服了男人的心，在很短的时间内，道袍取代了贴里，成为最风雅的男装。

葛纱道袍

谷大建摄

道袍形制示意图

四、庶民的盛服

（一）大帽

  大帽是一款很常见的首服，它的结构和工地用的竹编安全帽有些相似。只因古人在头顶梳髻，所以帽体比安全帽更加高耸。大帽的历史十分悠久，可以追溯至秦汉。在那时，它还叫席帽，用来遮阳挡雨。中唐宪宗时期（806—820），席帽以毡代藤，变换了长安城贵族和普通市民的头上景观；太和（827—835）末年，厚重的毡帽过了气，以丝绸做的轻巧的叠绉帽流行起来。与蓆帽相关的时尚绝非只此两例。北宋朝廷为彰显官员地位，颁布了"重戴"的规定：中丞、御史、六曹郎中等高官戴裁帽，员外郎及以下的低阶官员戴帽檐周遭不挂黑纱的席帽。然而，不管席帽如何变化，都躲不开遮蔽风尘的命运。

戴席帽的唐代骑马女子

巨大的黑色席帽，可用于遮风挡雨
明，戴进绘《达摩祖图卷》局部

裁帽和席帽
明，佚名绘《七子度关图》局部

直到元代，大帽的用途才出现根本性变化。达官贵人、钟鼎人家为了炫耀，会在帽子上装饰华丽的帽顶和帽珠。到了明代，除继承实用性功能，大帽还成为中下阶层的礼服。举人会穿戴大帽与州县长官应酬，武官、校尉以及捕快等戴大帽见上峰；市井庶民亦将它作为正式的首服，广泛用于拜访尊长、迎娶、祭祀、宴饮等场合。

装饰帽子的宝石帽顶和帽珠
元文宗太子雅克特古思像局部

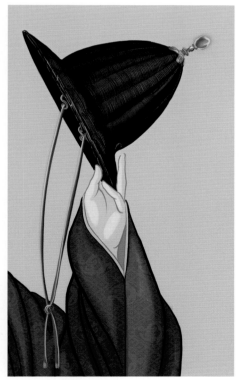

饰宝石帽顶的缠棕大帽
镶嵌宝石的底座与明中前期的相比更加高耸秀气

梁庄王的宝石帽顶
靠底座上的小孔缝在大帽顶部
图片由松松发文物资料君提供

（二）衣撒

　　衣撒又名一撒、曳撒，继承自元代。其腰间作襞积，下半身前方状如女裙，正中形成马面；后身则上下通裁，两侧接双摆。

　　衣撒原是上流社会的燕闲之服，到了明中期才以更正式的身份——吉服出现。这种服饰的地位突然提升和皇帝的离经叛道分不开。正德十三年（1518），武宗自宣府车驾还京。他在途中赐下衣料，令文武百官穿新裁的衣撒、大帽、鸾带接驾。皇帝的一时任性意外获得了士大夫们的支持。他们设宴聚饮，无不以衣撒为时尚，儒服反而受到冷落。

　　正所谓"上有所好，下必甚焉"，不具备独立审美能力的市井庶民接触到新风尚之后竭力模仿，从而形成了新潮流。不过万历中期以后，穿衣风格删繁就简，越来越多的人懒得折腾。他们通常挑几匹上好衣料，做一两身时装应付了事。

穿衣撒的内侍
明，佚名绘《四季赏玩图》局部
图片由松松发文物资料君提供

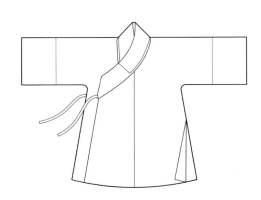

穿在衣撒内的汗衫形制示意图

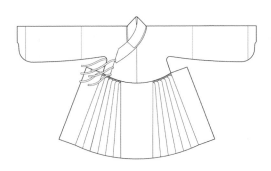

衣撒形制示意图（正面）

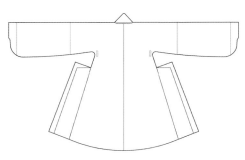

衣撒形制示意图（背面）
作者根据明代佚名绘《出警图》等古画猜测绘制

（三）镀金嵌宝龙首绦钩

　　绦钩系于腰间，是独属于男人的饰品。它一端弯曲为钩，将绦儿牢牢钩在弯曲的细颈处；另一端在背面隐藏圆纽，缠着绦儿的另一头。由此看来，绦钩系上和解下的诀窍在于套在钩首的绦儿，绦钩的流行与绦儿的广泛使用分不开。若不是嫌弃以花结为饰的绦儿太过简朴，富贵人家也不会用一枚钩子来勾系，他们不讲求风雅，多挑选黄金、珠玉和宝石来制作，以奢华为第一要务。

　　一番装饰后，身形小巧的绦钩散发着富贵闲人的阔绰气息，为市井小民深深渴望。究其价值，它至少能租来大街上的一处二进小院落了。

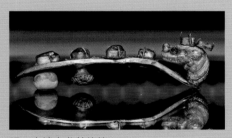

明，金镶宝龙首绦钩
万贵夫妇合葬墓出土
图片由松松发文物资料君提供

衣撒的底纹，方胜螭虎纹

市井庶民的盛装

场景十五
市井妇女主持的盛宴

就在男主人外出这天，女主人被邀请去吃满月酒。我们这才有了细细打量体面市井妇女盛装的机会。

只见邀请者，姑且称她为杜氏吧，头上垫出一丝香云，戴着新编的银丝鬏髻，周围插碎金草虫啄针，额上勒羊皮金沿边的销金箍，耳边戴一对金丁香。她身上穿着绿闪红缎子对襟袄和黑色缎子披袄，披袄饰岁寒三友泥金眉子，织金掏袖；腰系一条白杭绢点翠画拖裙，胸前撺带银三事撺领儿，格外精致明丽。原来城镇中也有不少过得还算体面的小市民，她们的盛装虽只是女主人的日常装扮，但也不是我们想象中的寒酸模样。

体面市井妇女的盛装

一、市井体面妇女的盛装

（一）金草虫啄针

因家中生意大有起色，杜氏特意毁掉了老旧的扁圆鬏髻，新编了一顶银丝扭心鬏髻。遗憾的是她不能再购买华丽的头面，只能挑选几对金草虫啄针戴着。

啄针是头面中的配角，簪脚状若银针，尤为纤细。将簪子呼作草虫，不过是因为取用了螽斯、蝴蝶、鱼虾等虫类动物形象装饰簪首（在明代，鱼虾被归于虫类）。它们是最具生活情趣的题材，虽为小件，却雕琢得栩栩如生。

杜氏插戴的啄针
包括一对螽斯（蝈蝈）啄针、一对螃蟹啄针、一支蝴蝶啄针

状若馒头的扁圆银丝鬏髻
武进王洛家族墓徐氏墓出土
图片由松松发文物资料君提供

金镶玉草虫簪
川后摄

织金掏袖，装饰纹样是朵云和朵梅

（二）草虫与吉祥物语

　　草虫簪点缀在头上并非只图个精巧别致，讨个吉祥也很重要。螽斯繁殖力很强，象征多子多孙，杜氏插一对合情合理。可螃蟹图案又该做何解释呢？螃蟹和科举考试有关。单只螃蟹象征"一甲"，怀抱芦苇，寓意"一甲传胪"。传胪是在皇极殿举行的殿试放榜仪式。殿试列第一者，即状元、榜眼、探花。进士及第，对于绝大多数家庭而言是至高无上的荣耀。

　　由此可见首饰题材的意义。它的运用往往与特定场合相呼应，用蕴含约定俗成含义的图案表达对美好未来的憧憬。

金累丝嵌宝螃蟹饰件
出自《北京文物精粹大系》编委会、北京市文物局编《北京文物精粹大系·金银器卷》

明，金累丝灯笼坠领
坠领上方用金链拴着一枚圆环，推测有纽扣时将它拴在纽扣上，无纽扣时则将圆环缝缀在衣衫上

（三）银三事撩领儿

　　撩领又称坠领，与禁步、七事一样同属杂佩。它撩带在胸前，尺寸较其他杂佩略小。它的风格有繁有简，选用哪种由所配服饰决定。倘若搭配吉服，纷繁靡丽不输七事；倘若只是搭配便服，可以去掉浮华。杜氏这挂三事撩领儿是式样简洁的一种，不过设计依然讲究。它的顶端打个银如意云头做花题，依靠系在花题上的丝绳套在纽扣上。花题上伏一只横行介士（螃蟹），底部附环三枚，左右两枚用银链各系一只紫琉璃天生茄儿，当中系一枚古老钱，下方挂一根链子，底部拴着挑牙和耳挖。

杜氏的银三事撩领儿

女主人的金镶玉撩领儿

（四）绿闪红缎子对襟袄

　　闪色缎是市井庶民裁制春、秋、冬三季礼衣的上选。它采用色彩对比强烈的经纬线织成，因能焕发柔和的光泽而稍显特殊。虽不及织金花纹那般富丽堂皇，倒也能稍稍安抚望织金而兴叹的小市民的心。

绿闪红缎子对襟袄的底纹——攀枝耍娃娃

（五）白杭绢点翠画拖裙

与翠蓝宽拖遍地金裙相比，女主人赠送的白杭绢点翠画拖裙另有一番风情。它大胆抛弃璎珞纹等高度程式化的规整纹样，以文人画中的花鸟小品为模板，在裙拖上描画几枝海棠。给杜氏带来惊喜的还有点缀裙拖的翠叶。原来不只首饰，丝织品也可以装点翠羽啊。

如果想见证岁月的足迹，裙拖将是很好的观察对象。从缂丝到描画再到插绣、堆纱，变化的是时尚潮流和装饰工艺，不变的是对美的追求。哪怕是一朵花、一枚叶，杭州匠人均会专心致志地对待。正因如此，白杭绢点翠画拖裙才能在爱美的女性们心中占有一席之地吧。

点翠画拖裙上的花纹

🌀 二、时尚流行那点事儿

（一）袖子宽度与服饰规格

不少人将服饰规格的高低与袖子的宽度联系在一起，他们笃定若袖子窄了，都不好意思踏入礼仪场合。然而，决定服饰规格的是服饰大类。譬如大袖衫，规格之所以很高，是因为它是外命妇受册、参与朝会和祭祀的礼服；袄衫的规格之所以低，因为它是社会各阶层用于日常生活的便服。这种秩序不会因为袖子的宽窄而有半分动摇。

（二）时尚是袖子宽度的风向标

便服对主流社会的好尚最为敏感，这使得它在不同时期呈现出不同的轮廓。杜氏的绿闪红缎袄，竖领对襟，衣长至膝下，袖阔 60 余厘米，袖口宽 15 厘米，穿在身上十分肥大，风格甚是端庄持重。女主人的沉香遍地金妆花补子袄，竖领大襟，仅露裙 8 厘米，袖子宽约 25 厘米，上身后轮廓颀长，风格娉婷婉约。两人住宅仅隔几条大街，着装风格相去甚远，到底为何？

　　女主人的服饰均出自江南，是全国最时兴的样式；杜氏的袄子不过是正德末年帝京女装潮流的延续，生生比女主人落后了三十余年。就好比让 20 世纪末兴起的视觉系与当下最新高级成衣同台，能不落伍吗？

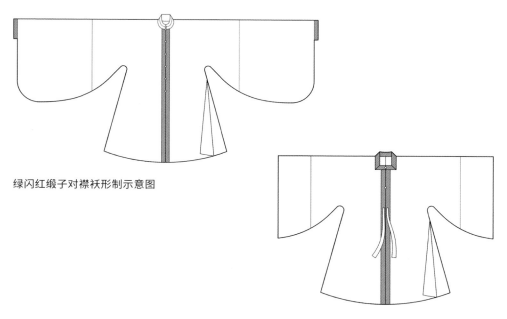

绿闪红缎子对襟袄形制示意图

黑色缎子披袄形制示意图

（三）典衣行，杜氏的圣地

　　杜氏对女主人的沉香遍地金妆花补子赞不绝口，然而新编的银丝鬏髻几乎花光了她所有的积蓄，令她实在挪不出多余的钱购置新衣裙。不过不用替她惋惜。即便明代的成衣铺不允许普通市民赊账，他们仍然可以穿上最炫的单品。

　　让普通市民得偿所愿的是典衣行。眼下是冬季，杜氏可以将纱罗衣服拿去当了，用换得的钱去做一身最潮的绸缎裙袄；等夏日临近，她不仅不用去赎回当掉的纱罗衣服，还可将冬天新做的绸缎衣服当掉，再做新衣。如此一来，杜氏总能穿到新衣，避免在追求时尚的道路上对女主人望尘莫及。

市井中的典衣行
明，仇英绘《清明上河图》局部

第六章

婚礼盛装

场景十六 富贵人家的婚礼

　　七月的某一天是一对新人的大喜之日。新郎头戴幅巾，穿着紫纱深衣、粉底皂靴，骑着高大的白马迎娶新娘。新娘则在插戴婆的伺候下，穿上从聘礼中挑出来的金丝冠、大红五彩通袖袍、金枝线叶沙绿百花裙、碧玉女带和玎珰七事，只等着迎亲队伍上门后拜别父母。

娶妻流程图

男方释放想娶妻的信息 → 媒人根据男方门第、财力、前途、样貌等提供女方信息，便于男方形成初步意向

↓

合婚。媒人将男女生辰八字交予算命先生 ← 男方托媒人上门打探，向女方讨婚帖。此时的婚帖很可能是一截大红缎子，上面写着女方的生辰八字、家庭背景、样貌才艺等信息

↓

男方看婚帖，权衡之后确定结婚对象 → 下插定。男方与媒人一道去女方家相看，倘若满意会留下簪钗、巾帕、戒指等定礼；女方收下则表示接受这桩婚事

↓

挑选吉日。男方请阴阳生择定行茶礼的吉时、娶妇过门的吉时，然后与女方商量 →

纳妾流程图

男方有了纳妾的想法 → 媒人闻风而动，四处打探

相看，下插定。男方带媒人上门相看，满意后留下簪钗、手帕、戒指等定礼

男方请阴阳生择定吉日，告知女方下茶礼与过门吉时 → 男方下茶

迎娶 ← 铺房

女方过门次日拜见正妻，递见面鞋脚；女方至亲送茶饭至男方家

做三日。过门后第三日，男方办酒席，请众亲戚吃酒

纳妾的流程比娶妻简化不少。从相看到迎娶，这几个环节可在一日之内完成，如演戏一般。

行茶礼。男方按商量好的吉日到女方家下茶（送聘礼），女方受茶（接受聘礼）

铺房。在出嫁前四五天到一天这段时间，女方将嫁妆搬到男方家

催妆。男方在迎娶前一日送一张桌席、两只雄鸡并其他礼物到女方家

娶妇过门。男方着盛服亲迎 → 戴盖袱、抱宝瓶的新妇上轿，女方亲人送亲到男方家

新妇入门。在某些地方，新妇须跨过男方放在大门口的马鞍，以求平安吉祥

新人由阴阳生引入画堂，拜家堂，入洞房 → 新人坐帐，阴阳生撒帐

坐帐毕，新郎到岳家谢亲、吃酒

过门次日，新妇拜见舅姑，新妇至亲送茶饭至男方家

做三日。过门后第三日，男方大办酒席，请众亲戚吃酒。至此，民间殷实人家的婚事才算结束

一、明代的彩礼与嫁妆

（一）明代的茶礼

茶礼即彩礼，通常包括以下内容：

1. 首饰

仕宦之家送珠翠冠，殷实人家送金银鬏髻、整副头面，以及各式花翠、耳环、手镯等。勋戚富贵家往往还会添上不少金珠玉石等顶级奢侈品，一次耗费几百甚至上千两银子。倘若不够宽裕，男方会送一顶用头发、篾丝等编制的鬏髻和几支簪钗。

2. 数匹各色丝帛和数套礼衣，包括通袖袍、通袖袄衫等

倘若不够宽裕，男方会准备一两套罗缎袄衫。

3. 若干羹果茶饼以及数量不等的现银

明代的茶礼不包括婚房。那么在收到茶礼前，女方通过什么评判男方的家庭状况？媒人会把新郎的家庭背景、财产、宅院、经营状况、容貌体态等情况全部告诉女方，女方会根据以上信息加以权衡。

可作为插定礼物的金镶宝葫芦戒指

松松发文物资料君摄

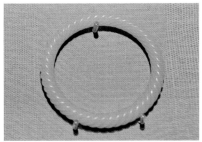

可作为插定礼物的玉手镯

谷大建摄

（二）明代的嫁妆

新娘的出身和财产是婚嫁的重头戏。如果没有好的出身，没有令人眼红的嫁奁，就算才貌双全也难觅一桩好婚事。媒人会将女方的嫁奁分为好几个指标。四季衣服、头面首饰、现银、房产、大宗货物，甚至是陪嫁丫鬟，皆是她家中是否殷实的证明。若再有两张南京描金彩漆拔步床，那就锦上添花了。

这些巨额资财会在"铺房"这个环节，也就是女方去男方宅院布置房间的时候隆重展示。

除了大宗财物，新娘还需置办新的生活用品，譬如描金箱笼、拣妆、镜架、盒罐、铜锡盆、净桶、火架以及柜子等。双方似乎并没有因为钱财而发生争执。因为光是那两张床就值百两银子，整副嫁奁的价值不比茶礼低，实在没有必要为仨瓜俩枣撕破脸皮。

可作嫁妆的黄花梨硬木架子床

可作嫁妆的全幅妆奁，包括镜架、镜子、妆具等
核桃蛋摄

二、用于婚礼的盛装

（一）古人结婚不穿婚服

在下面的内容正式开始之前，先提出一个看似简单的问题：古人在嫁娶时到底穿什么？很多人脱口而出：这还用问？肯定是婚服（婚纱）啊。在相当长的时间内，东西方均未特意开辟名为"婚服"的服饰大类，这个空缺一直由代表着装者社会地位的盛服兼任。直至19世纪中叶，维多利亚女王引领了新潮流，由白色头纱、带拖尾的白色蕾丝长裙以及捧花组成的婚服才慢慢取代了旧礼服，成为东西方通用的新传统。

由此看来，盛服的用途并不单一。它通常会出现于筵席、祭祖、岁时节令等诸多隆重场合。久而久之，便分化成单独的大类，并得了个"吉服"的统称。

1886年出现在巴黎时尚杂志
Revue de la Mode 中的婚纱

（二）婚嫁吉服的色彩并非只有大红

倘若对同一款礼衣可应对多个场合感到迷惑，肯定也会被吉服的色彩所困扰。我们需要盘点一下，才能对它有正确的认识。

1. 帝王

皇帝和太子着冕服。此为明代男性衣冠体系中最高规格的礼服，主要色彩为玄色、纁色以及深青色。玄是泛着些许红色的黑色；纁则是黄色与红色的复合色，宛如落日余晖。

亲王、亲王世子以及郡王仍着冕服。裳的色彩不变，仍为纁色，衣的颜色改用深青色以示区别。青并非绿色而是蓝色，因此深青即深蓝。

与他人不同，帝王的婚嫁沿用复古的"六礼"礼仪，异常繁复。他们会在婚仪的不同环节换上规格仅次于冕服的通天冠服、皮弁服。这些礼服由通天冠、皮弁、绛纱袍、红裳等组成，主色调为红色。

明陇西恭献王李贞冕服像
王轩摄

明代皇帝的红裳
皮弁服的重要组成

明代皇帝的绛纱袍
皮弁服的重要组成

明代皇帝的皮弁
皮弁服的重要组成

以上三幅图均出自北京市文物局图书资料中心编纂《明宫冠服仪仗图》卷二

2. 皇后和太子妃

皇后和太子妃均着深青翟衣。翟衣为皇后、太子妃礼服，仅用于受册、谒宗庙、中宫朝会等场合。需要注意的是，这里的礼服并非用于各类礼仪场合的服饰的统称，而是名为"礼服"的服饰大类，为女性冠服之首。在明代，只有内外命妇才有资格穿礼服，其余女性最多穿常服。

皇后和太子妃会在婚仪的不同环节换上燕居冠服。我们不能因为"燕居"有闲居之意而误认为它是日常生活装束。它仍然是特权阶层用来标榜身份的服饰，规格仅次于翟衣。为了突出皇后的至高无上，其燕居冠服的主色调为黄色或者柘黄色；太子妃的则为红色。

宋，佚名绘宋神宗皇后翟衣像

明，佚名绘孝定皇后礼服像
明代礼服承接宋制，但也出现了某些改变。比如皇后身穿近乎黑色的翟衣，外搭霞帔，可能为明晚期宫廷的新规定

明，佚名绘孝贞纯皇后燕居冠服像
皇后头戴双凤翊龙冠，身穿柘黄色大衫，内衬红色鞠衣

3. 除皇后、太子妃以外的内外命妇

　　除皇后、太子妃，内外命妇着真红大袖衫，内衬一件青色鞠衣。对于她们来讲，红色算半个主色调吧。

4. 勋贵官员

　　勋贵官员或依品秩选择绯色、青色、绿色的公服，或穿大红补子圆领，但后者在实际生活中运用更多。对官员妻子不再赘述，穿大红圆领袍、各色百花裙。

着凤冠、大红补子圆领的官员妻子
明，佚名绘《吴江周氏四代家堂像》局部，出自山西博物院、南京博物院编《形妙神合：明清肖像画》

穿大红补子圆领的官员
王轩摄

临淮侯夫人史氏画像
撷芳主人摄

5. 士庶

明代传承周礼，允许社会中下层的男性在婚嫁时摄盛。所谓摄盛，即新人在举行婚礼时使用超越自己身份的仪制，体现在服饰上则是士庶、官员子弟穿九品官员的公服。然而在实际生活中，这个规定并未得到广泛实践，根据自己的社会地位挑选盛装才是主流。因此举人、监生穿青圆领，生员穿襕衫，普通百姓穿新裁的衣撒、贴里等时装。

民间妇人游离于政治之外，着装相对自由。她们可以依仗财力肆无忌惮地效仿官员妻子穿圆领袍，也可以恪守规矩穿袄衫。无论选择哪种，上半身都穿红色。

不难发现，红色仅是婚仪盛服的主色调之一，与当代统统变为大红色的秀禾服、裙褂、长衫等完全不同。这足以说明看似有深厚历史底蕴的文化传统未必那么古老，甚至可能是近些年的新流行。

戴大帽、穿青圆领的举人
明，佚名绘《吴江周氏四代家堂像》局部，出自山西博物院、南京博物院编《形妙神合：明清肖像画》

三、富贵人家女眷的吉服

婚嫁是女子尽情闪耀的场合。即使夫婿的身份不够高贵，只要有足够的财力，士人、商人甚至大户人家奴仆的妻子，也能装扮得如同命妇一般。尽管如此，服饰细节还是能投射出社会地位的差异。金丝冠和玎珰七事便道破新娘的身份。

新娘的装束
头戴金丝冠和整幅头面，身穿大红通袖袍、碧玉窄带，带上系金镶宝七事

（一）新娘的金丝凤冠

新娘的金丝冠即鬏髻，用细金丝编成。除去本身的装饰性，能够插戴一整副华丽的头面是新人挑选它的最大理由。

在新娘的首饰中，最为夺目的是一对金镶宝累丝凤簪。它口衔珠结，样式与珠翠冠所用凤簪相差无几。只因金丝冠比珠翠冠小巧许多，凤簪的簪脚相对平直，插戴位置下移，变成在金丝冠左右两侧翻趄。

金梁冠与衔挑牌（又名珠结）的金凤簪
明，佚名绘《綦明夫妇像轴》局部

（二）新娘的头面

金镶宝累丝凤簪固然奢华，但因强调场合的隆重而显得中规中矩，无法带给人惊喜。从这个角度来讲，它远不如头面那般值得期待。头面是插戴在鬏髻上的一整副簪钗。它们有着专属的名称以及固定的形态和插戴位置，很能体现古人依章程办事的风格。挑心、分心、钿儿、满冠、掩鬓、鬓钗，哪怕你对首饰一无所知，也能猜到它们各自负责的区域。

金镶宝累丝凤簪
川后摄

银丝鬏髻和一副头面
出自吴凤珍论文《嘉兴地区明代墓葬及相关问题研究》

1. 如何挑选插戴首饰

一整副头面少则五件簪钗，多则二十余件，簪钗种类相当庞杂，选择哪些插戴也是女性的必修课。专替富贵人家服务的插戴婆给出建议：不能只看簪钗的材质，挑选与使用场合有千丝万缕关联的装饰题材也很重要。虽未必如同皇室宗藩、勋贵女眷那般严苛，但也应该做到衣饰与场景相互映衬，方能营造和谐有序的美。

我们不妨以新娘的首饰为例，一探究竟。

2. 蝶恋花，最流行的装饰题材

"蝶恋花"是最流行的装饰题材，新娘很难将其排除在外。我们完全可以凭它的名称勾勒出簪首的造型。它一定是被打造成花卉、蜂蝶的模样。哪怕采用较为廉价的材质都无损浪漫和缠绵，令人忍不住一探究竟。

3. 翠梅钿儿

金丝冠正面的底部插了一支翠梅钿儿。它宛如新月，以一根细窄的金条为弯梁，弯梁背后焊接一只向后平伸的簪脚，平直插入位于金丝冠口沿正中的小孔中。

作为金丝冠底部最重要的装饰，钿儿上有 7 朵以珍珠为花蕊的点翠梅花。只见花蕊处探出极细的金丝，它们的一端将点翠梅花拴在弯梁上；另一端被盘成螺旋状，顶端挑出 7 只形态各异的蜂蝶，或是敛翅欲落，或是忙于采蜜，或是振翅欲飞。所有蜂蝶均能随人的行走坐卧轻颤。这种设计颇有古代步摇冠、花树冠之意趣，比静默的花朵更能替女性增添几分楚楚的风韵。

金镶珠宝钿儿
核桃蛋摄

簪于金丝冠前方的金镶宝大凤衔珠分心和翠梅钿儿

4. 金镶珠宝围髻

　　新娘在发髻前方戴了一件围髻。它的
样式和珠子璎珞略有不同，以一道錾出折
枝牡丹的金弯梁代替串珠网的丝线。围髻
据测是宋代时兴的首饰帘梳在明代的延续。
哪怕省去嵌合在内的梳背，也能发现两者
蕴含的相同匠意。它的佩戴方式与帘梳有
相似之处，弯梁内侧与垫出的香云贴合，
然后将穿系于两端小孔中的线圈套在一对
"一点油"上。与精心装饰的簪钗相比，
围髻弯梁上的牡丹花样式于富贵人家很是
寻常。之所以生出懒于设计的底气，大抵
因为缀系其上的15挂珠串太过惊艳。

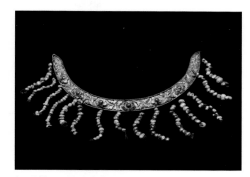

缀系着 15 挂珠串的围髻
益宣王继妃孙氏墓出土，熊汪波摄

5. 金玉珠宝头箍

　　头箍是裹在额头上的一块绢布。单看样式，它并没有多少值得称道的设计。之所以自有
一番意趣，很大程度依仗了细巧的饰件。为了追随隆庆以来的风潮，饰件被雕琢成团花状。
它们以金片为托，内嵌珠玉宝石，将女性的额头装点得分外娇媚。

　　因着翠梅钿儿，插带婆挑了件饰有"满池娇"题材的头箍。头箍正中缝缀金镶玉鸳鸯戏
碧苕，两侧依次点缀游鱼、蝴蝶。最有趣的当属两样草虫，薄薄的玉片被雕琢成舒展开来的
莲叶，其上或趴伏螃蟹，或蹲坐青蛙，充满活泼灵动的生趣。

珠宝围髻和金玉珠宝头箍
根据陆深妻梅氏墓出土文物绘

金玉珠宝头箍后侧示意图
根据陆深妻梅氏墓出土文物绘

6. "蝶恋花"与"满池娇"的吉祥寓意

"蝶恋花"本是词牌名，又名"鱼水同欢""鹊踏枝"，出自南朝梁简文帝萧纲的"翻阶蛱蝶恋花情"。自唐代开始，"蝶恋花"被民间用来歌咏爱情。以它为首饰题材，明显为了表达男女情深的寓意。

鸳鸯戏碧苔是"满池娇"中不可或缺的元素。它的寓意与"蝶恋花"相似，象征夫妇长相厮守。慈姑也非只用来给池塘小景增添生机。古人认为它"一根岁生十二子，如慈姑之乳诸子"，寄托着对子孙兴旺的祝福。

7. 金镶宝玉岁寒三友梳背儿

梳子本是整理头发的工具，早在中华文明初具雏形之时便被用来装点发髻。作为首饰，这类梳子的梳背儿很高。人们在插戴时，总是将梳齿直插或者斜着插入发髻，梳背儿露在外面。时间一长，梳背儿成为装饰的重点，人们在上面竭尽所能地点缀美丽的图案。

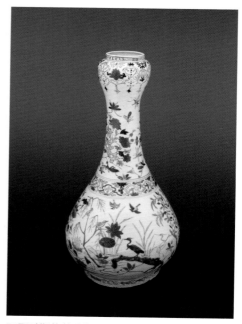

万历时期的蒜头瓶
瓶颈上饰"蝶恋花"，瓶腹上饰"满池娇"

东汉金包背玉梳

插在贵妇人发髻上的梳子
宋人摹《捣练图》局部

　　明代妇女延续了插戴梳子的传统。但因鬏髻和头面大行其道，梳背儿受到冷落，女性自然不会如过去那般毫无节制地插戴，只消用一两个点缀发髻就好。可发髻上罩着鬏髻，哪里有梳背儿的立锥之地？为了把鬏髻垫得高高的，女性习惯在底部挽出超出鬏髻口径的发髻。如此一来，发髻底部成为关注对象，梳背儿也有了容身之所。

　　此时的梳子平直插入发髻底部。在梳背儿变得异常低矮的情况下，人们选择增厚梳脊，挖空心思装点这个区域。女主人的梳背儿见证了由发型促成的演变。只见木梳梳脊包金，中间打一个条状托座，内嵌镂雕白玉岁寒三友，两侧镶嵌青鸦鹘。与唐宋时期的发梳相比，倒也别有一番风味。

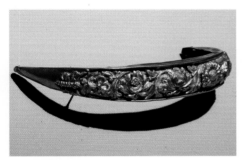

包裹木梳梳脊的蝶恋花金梳背
无劫缘摄

金镶宝玉岁寒三友梳背儿
参考无锡安镇出土文物绘

8. 鬓畔宝钗半卸

　　这是头面中唯一以"钗"为名的一对簪子。它有着扁平修长且有隆起弧度的簪脚，自下而上、一左一右倒插在发髻两侧，宛如游走在簪首的螭虎那般慵懒而随意。

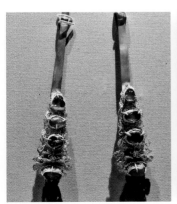

金镶宝龙首鬓钗
核桃蛋摄

金镶宝玉螭虎纹鬓钗

玉饰上的螭虎纹

9. 金镶宝大凤衔珠分心

　　金丝冠口沿上方的小孔中插着一支金镶珠宝大凤衔珠分心。分心的轮廓宛如刚从花瓣上滚落的露珠，完整映出一只展翅翱翔的凤鸟。凤鸟的头部由金片打造，凤身、凤翅、凤尾则用细金丝堆叠、填满，最后做几个圆形底座，内嵌几颗宝石。古代中国境内宝石资源匮乏，云南金齿卫（今保山市）以及抹谷（今在缅甸）矿区所产根本无法满足需求。这限制了宝石切割、打磨、镶嵌等工艺的发展，使得它不得不以未经雕琢的形态出现。好在金累丝能营造细腻精美的视觉效果，将宝石衬托得古朴可爱，竟比精心加工的多出几分情趣。

江阴邹令人墓出土的金镶宝分心
核桃蛋摄

明代金镶宝挑心上未经打磨的宝石
南京将军山梅氏墓出土，图片由松松发文物资料君提供

10. 满冠

　　鬏髻背面的装饰不像正面那般花样百出，通常仅插一支满冠。为了不使鬏髻的背面显得过于单一，满冠不仅体形硕大，状若山峰，且簪首向外拱出，以便覆盖鬏髻的背面和两侧。

　　倘若足够仔细，会发现满冠的簪戴方式和鬓钗、掩鬓不同。它与挑心、分心、钿儿一样，可以不再依赖簪脚，而是效仿珠翠冠上的饰件，通过细金属丝紧紧缠绕在鬏髻上。

簪首带弧度的金镶宝仙人满冠
王文渊妻朱氏墓出土，作者摄于物·色——明代
女子的生活艺术展

以细金属丝固定的楼阁人物满冠

11. "楼阁人物"装饰题材的寓意

毋庸置疑，满冠异常华美，但它的装饰题材似乎与钿儿和分心的风马牛不相及。在传说中，鸾凤是神仙的坐骑。倘若乘鸾跨凤，自然可以登上仙境，望到满冠上依势雕出的恢宏楼阁。待楼阁前流云散去，长满玉树琼花的庭院映入眼帘。一位仙子携庞大的仪仗迎面走来，似在等候我们共赴栏杆尽头的一场盛宴。

或许没有必要剥茧抽丝去探寻这一题材到底出自哪段神话，只需记住，所有簪钗共同营造出一派美丽富足的无忧之境。它足以令人忘却尘世间的苦楚和烦恼，非常适合憧憬美好生活的新娘佩戴。

楼阁人物满冠
作者摄于物·色——明代女子的生活艺术展

（三）碧玉女带

革带的结构和穿戴方式都给着装者制造了不小的麻烦。为了方便穿戴，人们做出改良设计，新娘的碧玉女带即为典型。它不再选用皮革，而是以硬纸壳为骨架，表里包裹两层青色素缎。为了将减重做到极致，工匠大胆摒弃了副带，将所有带銙全部缝缀在一段带鞓上。碧玉女带长136厘米，远远超出人体实际腰围。这说明作为体现礼仪和气度的配饰，它在最大限度提供便利的情况下仍然保留了传统的穿着方式——围而不系。

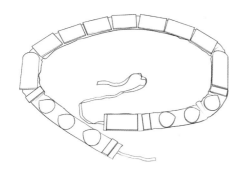

碧玉女带形制示意图

碧玉女带局部

（四）金镶宝玉玎珰七事

1. 七事的形制

　　市井妇女并无佩戴玎珰禁步的资格。她们羡慕摇曳在命妇裙裾上的珠光宝气，遂吸取白玉云样玎珰禁步的精髓，锻造成装点裙裾的杂佩。这种杂佩又被称为七事，与禁步相比，它无半点炫耀权势的意思，只凭借华贵的材质和精湛的做工炫耀着装者的财富。

　　新郎准备的聘礼中有一副金镶宝玉玎珰七事，它和禁步一样，有着云形题头，穿戴时只需将穿系于题头顶部的丝绳拴在革带两侧。题头底部总揽三根金绳，分别系葫芦、灵芝、蝴蝶、叠胜、童子攀莲等饰件。

金镶宝玉玎珰七事
无劫缘摄

2. 金镶紫瑛童子攀莲饰件

　　如果有幸梦回北宋，一定会在七夕那晚看到节物"磨喝乐"。这是一种用于祝祷生育男孩的玩具，以泥、木、蜡、玉、象牙、金银等材料塑成，十分精巧，常引得儿童模仿它的姿态。

　　磨喝乐手里的莲叶或莲花并不是随意安排的。在佛经中，莲花与生育有莫大的关系。传说波罗奈国中有一鹿女，行走时留在地上的足迹总会生出盛开的莲花。国王被神迹吸引，遂立她为夫人。鹿女很快有孕，生下一朵千叶莲花。待莲花绽放，每一片花瓣上都站着一个小男孩，这些小男孩成年后全成为保护国家的大力士。由于莲花化生的含义，人们很快将磨喝乐与"连生贵子"的吉祥寓意联系在一起。婴戏莲图案遂成为长盛不衰的纹样，备受新娘青睐。

七事上的金镶紫瑛（即紫水晶）
童子攀莲饰件

明代丝织品上的"连生贵子"
图案

宋代的童子攀莲玉饰
川后摄

四、殷实之家男性的吉服

（一）幅巾和紫纱深衣

官员士人看重身份，蓬门荜户苦于吉服的花费，反倒是富贵人家倚仗财富，在条条框框中争取到一点选择空间。这不，新郎另辟蹊径，选择了幅巾深衣作为吉服。

深衣是复古的产物，被宋代士大夫塑造成象征礼制和人文精神的物质符号。将它与浑身上下散发着"铜臭味"的商人联系起来，似乎充满了附庸风雅的讽刺意味。然而，新郎并没有半点在结婚时搞行为艺术的心思，他倚仗财富赋予的傲气，不肯在隆重场合屈就于普通百姓的正装。但苦于身份受到限制，他只能退而求其次，以士人的幅巾深衣彰显自己的与众不同，以求获得世人的尊重。

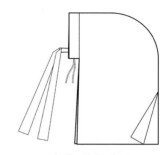

幅巾形制示意图

幅巾正视图
1621 年绘《抑斋曾叔祖八十五龄寿像轴》局部

幅巾侧视图
明，戴进绘《达摩六代祖师图》局部

深衣形制示意图

深衣的底纹，仙鹤与杂宝

富商娶亲时的吉服：幅巾、深衣

（二）几个需注意的小细节

1. 首服的搭配

新郎先戴束发冠，再戴幅巾。

2. 大带的形制

大带以白色布帛制成，穿戴时于前身打结。下垂的部分叫"绅"，绅以黑色布帛缘边。

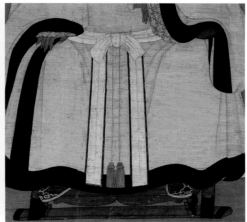

幅巾
明，方梅厓题赞《渡唐天神像》局部

搭配玉色深衣的大带和缠绕在带结上的组纽

3. 如何固定大带？

大带原本是直接束在腰间，到了明代中后期，受褒衣博带的时尚潮流影响，大家在衣身两侧钉上带襻，将大带松松地围在腰间。也有人嫌麻烦，干脆直接把大带钉在衣服上。

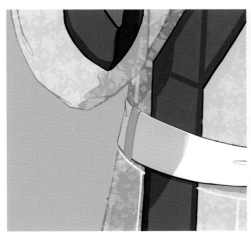

穿过带襻的大带

被直接钉在衣服上的大带

4. 组纽

　　大带需和组纽一起使用。组纽即手工编织的彩色绳结，系在大带打结之处，如前图所示。也有将组纽和大带分开系在腰间的情况。不过不管采用哪种方法，组纽的末端和绅大致在一条水平线上。

5. 深衣的色彩

　　深衣通常为白色或者玉色。自嘉靖开始，深衣成为时尚男装，突破了儒家礼制塑造的意象，随世人喜好使用艳丽的色彩。这便是新郎的深衣以丁香色仙鹤纹纱裁剪的缘故。

分开系的大带和组纽

五、蓬门荜户的婚嫁服饰

　　蓬门荜户的婚嫁服饰黯淡许多。

　　女子出嫁，往往裁一两套艳丽的缎子袄衫，编一顶新的鬏髻，打几件金银首饰。金银首饰无非就是两三对金头银脚簪、寿字分心、梳背儿、耳环、戒指之类。男子娶亲，会做两床新铺盖、一身新衣服和新靴袜。新衣服可以是衣撒，亦可以是日常便服，即小帽、网巾、褶儿、直裰等。

新娘盖着盖袱，身着时兴的裙衫

崇祯五年（1632）尚友堂刊《二刻拍案惊奇》书前插画

第七章

丧服

场景十七　男女主人参与吊丧

　　九月下旬的某一天，男主人接到报丧，得知同僚的妻子赵二娘已于当日清晨病逝。他连忙请女主人过来，商量有关吊丧的各项事宜。第二日，男主人换上素服，与女主人一同前去上祭。出乎我们的意料，女主人的装扮虽素淡却精致。她头上搭着白挑线汗巾，额上勒着羊皮金滚边的珠子箍，耳上戴着金镶玉石榴耳坠，身穿白云绢对襟袄，腰系一条蓝绸裙。这就是俗话说的"想要俏，带点孝"吧。

女主人的吊服
除作为吊服之外,还可作为"断七"后到百日除灵期间,替尊长守孝时穿的吉服

丧礼流程图

九月下旬某天的凌晨，赵二娘去世

↓

穿衣。趁死者身体尚未僵硬，女眷为其梳头、穿衣

↓

停灵。穿好衣服，停尸于大厅

↓

点随身灯。安放几筵香案，在死者灵前点一盏随身灯

↓

写殃榜。请阴阳先生看时批书，确定入殓时辰、出殡和安葬日期以及避煞等事宜

↓

报丧，赶制孝服，购买孝绢，搭彩棚

↓

揭白（又叫传影，即为死者画像），题铭旌（灵柩前书写死者名讳、官衔的旗幡）

↓

小殓。作作验尸，随后开光明（子女揩拭死者的眼睛），抿目（为死者合拢眼睛），行含饭礼（在死者口中放铜钱、玉石、珠宝等）

↓

次日，开始吊丧

↓

大殓。死后第三日，抬尸入棺，再放入几套奢华的衣服，棺内四角各放银锭一枚

↓

"头七"，做水陆道场

↓

"二七"至"六七"，念经做法事

↓

辞灵。出殡前一日，亲戚来死者灵前烧纸

↓

出殡。出殡安排在"二七"至"六七"之间的某个黄道吉日

↓

回灵、伴灵。掩埋棺木后，将死者灵位送回家中供奉，死者的丈夫夜晚还要在灵前歇宿做伴

↓

暖墓。出殡后第三日再到坟前祭奠死者

↓

"断七"。念经，做法事，远亲除服

↓

百日烧灵。直系亲属、近亲除服

一、寿衣，献给时尚人士最后的"战袍"

现代寿衣多为唐装，它的样式十分老旧，设计也不美观，仿佛从其他维度穿越过来。明代人不习惯用这种方式表达生与死的距离，他们会替逝者穿上生前心爱或者意义非凡的服饰。

以赵二娘为例，她的寿衣是三套裙袄。这些衣服可不是随便寻来的，它们承载着她一生中最风光的几幕：大红妆花织金通袖袍、玄锦百花裙是彰显社会地位的吉服；丁香色云绸妆花衫、翠蓝宽拖子裙亦为吉服，只因赵二娘穿着这套吉服与人结了亲，所以意义格外与众不同；新裁的松江阔机尖素白绫袄是元宵节应景服饰，是令市井庶民羡慕的奢侈品。除此之外，还有贴身穿的内衣、膝裤、高底鞋等。

三套裙袄和在大敛时的陪葬衣物一样，均是当时最时尚的款式。它们生动诠释了寿衣的风貌，附着其上的时尚与奢华不因事关死亡而有任何改变。

二、吊服

（一）官员吊服，素服金带

就在赵姓同僚陪吊丧的亲朋吃酒时，穿着白唐巾、白直裰的仆童慌慌张张进来禀告，原来是男主人前来祭吊。

在明代，丧礼会办得比高规格筵席更隆重，与服饰相关的礼仪也十分烦琐。如果不是刻意翻出百科全书查阅，男主人未必能准确找出与身份匹配的吊服。作为官员，男主人的吊服是"素服金带"。它借用了常服的形制，乌纱帽、革带以及皂靴等均与常服并无二致，仅将补子圆领换成不缀补的白绢袍。

官员的素服金带
根据明末衍庆堂刊《喻世明言》第十二卷《众名姬春风吊柳七》中的插图绘

（二）女性的吊服

1. 破孝，与孝绢有关的民间丧俗

　　见女主人抬了八盘饼馓、三牲汤饭前来祭奠，赵二娘的婆母赶紧拿出整匹孝绢并头须、系腰回礼。丧主为何要送女主人孝绢呢？这是明代的丧俗，被称为"破孝"。丧主在接受亲友吊唁时，会将孝绢、孝服、孝帽、经带等物分送给吊丧者，以便出殡时穿戴。为了炫富摆阔，丧主往往会挑上好的白绢。有人贪图精美的白绢，便把主意打到丧礼上。他们哪怕和死者素不相识，也要买点冥纸灶香，装模作样跪在灵前哀号一番。

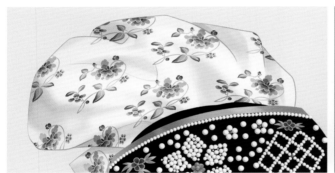

白挑线汗巾

金镶玉石榴耳坠

2. 羊皮金滚边的珠子箍

　　白挑线汗巾、白云绢对襟袄、蓝绸裙，不得不说女主人的吊服与元宵节走百病时的服饰好相似。这里值得探讨的是时尚单品珠子箍。珠子箍即头箍，因装缀各式珠花而得名。它是女性盛装的陪衬，也是日常妆容的醒目点缀，还可以是吊服中的主角。正因为有了它，女主人的妆容别有一番韵味。

　　珠子箍并不会因丧事而变得简朴，因此还可以用羊皮金滚边。羊皮金是一种皮金纸，它将金箔贴在鞣制好的极薄的羊皮上，切成细条以备装点服饰用。别看只是边缘上细细的一条，却营造出精致且富丽的视觉效果，是备受青睐的装饰。

羊皮金滚边的珠子箍，正中装饰一枚叠胜，两侧各饰几朵珠花，中间散落数朵小巧的花翠

三、丧服

（一）丧服是自制还是购买？

　　一切丧葬用品都能在市场上购买。搭彩棚有搭彩匠，捧盆巾盥栉的毛女儿（毛女字玉姜，传说是得道于华阴山的仙女，明人常将其做成纸扎，供奉在灵前）、冥纸烛香等有冥衣铺，揭白有画师，铭旌会请有威望的名流题写，就连帷幕、帐子、桌围、入殓时用的衣衾缠带以及孝服，也会雇佣很多裁缝赶制。孝服会在逝者去世后三日内赶制完毕。届时，全家人披麻戴孝，在灵前回礼举哀。

（二）民间男性的重孝

　　不同于往常，赵姓同僚无须遵守一般的官场交际礼仪换装，只用穿着孝服和儿子一道在灵前还礼。

　　赵姓同僚出身武职，家里不比书香世家有深厚的底蕴，因此没有效仿文人穿传统的丧服。大家仅依照和逝者的关系的亲疏分别穿"重孝"和"轻孝"。他为妻子穿了重孝，又令儿子为母亲穿重孝。双方父母亦穿重孝，其余亲戚都穿轻孝。无论是重孝还是轻孝，款式均取自便服。

1. 白唐巾

　　赵姓同僚的重孝孝服是白唐巾、孝衣、白绒袜、白履鞋和经带。

　　唐巾是嘉靖以来备受士人青睐的头巾，是慕古风潮催生的新款。它的外观和乌纱帽相似，前低后高，后山微微向前倾斜，巾后垂一对软脚，甚是斯文俊逸。唐巾充作孝服并不意味着它已经退出日常生活，反而恰能印证它的流行。不过重孝的首服不是非唐巾莫属，其余时样如白小帽、白大帽、白方巾、白四明巾、白周子巾等均可。

老妇人的孝髻（白鬏髻），
老者的白方巾

金陵书坊富春堂刊本《新刻
出像音注商辂三元记》书中
插画局部

白唐巾

2. 孝衣

　　传统丧服共有五等，最重的一等名为斩衰，用最粗的麻布裁制，袖口、衣摆等处不缉边；次一等为齐衰，用次等粗麻布裁制，缉边；然后是大功和小功，分别用熟粗麻布和稍粗熟麻布裁制；最轻一等的为缌麻，用稍细的熟麻布裁制。

　　在冠巾紧跟潮流之时，民间开始舍弃繁缛的丧服，穿用新式孝衣。新式孝衣的"新"体现在借用了便服的款式，但通过质地和裁制工艺来区分重孝与轻孝的传统特征依然保留。不仅如此，束腰的麻绖带，代表替父亲守丧的苴杖竹杖，替母亲守丧的桐杖，亦得到传承。

　　讲到这里，我们应该可以勾勒出男性的重孝孝衣。那应该是一件用粗麻布裁成的道袍，袖口、衣摆等处不缉边，呈现出毛毛糙糙的视觉效果。当然，道袍不是唯一的选择，直身、氅衣、褶儿、袄衫等均可。

市井男子的重孝：白唐巾、
粗麻布道袍、绖带、麻履

男性替母守丧时所执桐杖

男性替父守丧时所执苴杖

为主人穿孝服的仆童

（三）民间女性的孝服

　　同来吊丧的女主人行至灵前，见到几位正在交际的妇人。穿重孝的妇人是赵二娘的婆母、母亲以及几位小妾。她们都用白丝绳束发，发髻外罩一顶白纻布髽髻，身穿不缉边的粗麻布衫裙，腰系一条麻绳。穿轻孝的可能是赵二娘的嫂嫂等亲戚，她们的装束和重孝相仿，只是衫裙用漂白细麻布裁制，看上去没有那么粗粝。

男女均穿重孝，着不缉边的粗麻布衣衫，腰束麻经带，头戴孝巾或白汗巾

明万历二十五年（1597）汪光华玩虎轩刻本《琵琶记》书中插画

场景十八 "断七"后到百日除灵期间的筵席

　　刚过"六七"，有人邀请赵二娘的婆母去吃酒。考虑到一家尚在热孝，老太太穿了素服，独自一人去了。"断七"之后，赵府刻意缩小的交际圈才渐渐恢复正常。某日，女眷们盛装打扮，一同赴友人长孙的弥月宴（为庆祝婴儿出生一个月而设立的酒宴）。老太太正要梳妆，女眷们遣丫鬟过来问穿什么颜色的衣裳。老太太稍加思索，让各房戴孝，穿白绫袄。

一、女性守孝期间参加活动的吉服

　　若遇必须参加的高规格筵席、官场迎送，不论男女，需着与身份相匹配的礼服。官员穿补子圆领，官员妻子穿戴珠翠冠、补袍或者通袖袍。若遇燕乐、小集（低规格筵席），或者宾主双方均为庶民，穿白绫袄（衫）任谁都挑不出错。白绫袄（衫）样式不拘，可以饰妆花眉子、遍地金掏袖。搭配袄衫的裙子无须刻意保持朴素，可依财力选择最光彩夺目的款式。若替尊长守孝，首饰、配饰应当简约，稀疏地插几件金翠首饰，挑一双浅色鞋子搭配即可。若替不太重要的亲戚守孝，便可走奢华路线，除了必须穿戴白髽髻、浅色衣衫，首饰可尽情簪戴，直至插满整个髽髻。

女性从"断七"到百日除灵期间,替不太重要的亲戚戴孝

戴白绉纱金梁冠及头面,着银红遍地金妆花补子袄、蓝色妆花织金裙、
丁香色膝裤、老鸦色遍地金平底鞋

二、男性守孝期间参加活动的吉服

明中期以后，很多人都经不起世间繁华的诱惑，尚在丧期便频繁现身于声色犬马场所，甚至出身门风严谨的大家族子弟也是如此，只是在百日除灵前，他们仍需戴孝，用冠服诉说家里发生的变故。他们并不会直接穿煞风景的麻布服饰出去应酬。在不太隆重的场合，男性按照身份戴质地不同的白色巾帽，穿寻常日子穿的衣衫即可，衣衫甚至可以是最时兴的款式。

"断七"后官员出席
筵席的服饰，戴白绒
忠静冠，穿紫绒狮子
补直身

第八章

应景服饰

场景十九 女主人的生日宴

　　八月中旬的某一天是女主人的生日。为了替她庆祝，家里张灯结彩，连续两天大摆筵席，邀请亲朋好友同乐。在我们看来，女主人太铺张，然而对于高官勋贵，两场筵席着实不够风光。他们的生日筵席会占用四天甚至更长的时间，以便按身份高低招待不同阶层的宾客。

　　值得注意的是，两次筵席各有侧重：生日当天摆的筵席叫"做生日"，是亲朋好友与女主人一同娱乐；生日前一天摆的筵席称为"上寿"，通过下级、奴仆的磕头展现女主人的地位，体现的是礼法。因此我们不能把明代人的生日简单理解成吃饭喝酒。

一、正面戴的仙子

（一）什么是正面戴的仙子？

　　送走一众宾客，女主人喜滋滋地盘点寿礼。绝大多数寿礼和往常一样毫无新意，唯有一件正面戴的仙子充满新鲜感。正面戴的仙子是戴在鬏髻正中的分心，之所以以"仙子"命名，是因为以仙人为装饰题材。

　　把仙人戴在头上并非明代首创，至少在隋代，花钗冠就采用了同类装饰题材。不过明代的仙人题材包罗万象，大黑天、摩利支天、佛陀、鱼篮观音、西王母、南极仙翁以及麻姑等蔚然成风,倒也算得上是极大的拓展。大黑天和摩利支天是密宗的神,它们能端坐于皇族头上,与皇帝出于政治考量而推崇密宗分不开。虽然最初只在上层推广,但是宗教信仰也能凭借皇室的影响力点燃民间的好奇心,进而影响民间装饰艺术。于是,"十相自在"以及"唵""吽"等六字真言趁机改变了女性头上的风景。

明成化金镶宝"吽"字分心
北京右安门外明墓出土,出自《北京文物精粹大系》编委会、北京市文物局编《北京文物精粹大系·金银器卷》

明金"唵"字分心
武进前黄的明代夫妇墓出土
核桃蛋摄

(二)簪钗的用途,只是单纯的装饰吗?

民间审美宛如流水一般没有固定模式,待新鲜劲儿一过,大众很快对外来宗教感到厌倦。本土传说瞄准时机卷土重来,从富贵、长寿、平安等多个世俗化的角度与人们共情,女主人的分心就能体现出这种转变。它于簪首底部聚拢几团缭绕的祥云,祥云捧出"寿""心"二字,字前立着手持金蟾的刘海,巧妙地将"寿星"的谐音和刘海戏金蟾的传说结合起来。再联系馈赠的时机,便能明白它最重要的功能并非装饰,而是作为吉祥符号,迎合人们追求祥瑞的心理需要。

金镶宝刘海戏蟾分心
松松发文物资料君摄

🌀 二、应景纹样

（一）什么是"应景"？

　　假如我们穿越成为一位银匠，千万不要暗自窃喜，以为随便甩出现在国际大牌设计就能镇住几百年前的老古董，古人可没那么好糊弄。

　　和专注于展示珠宝本身的现代设计相比，古人更重视装饰题材的象征意义。银匠自由穿梭在浩如烟海的历史传说和文人高雅的意趣中，利用谐音、象征的手法设计出妙趣横生的纹样，力求和喜庆景象相映成趣，这种设计理念叫作"应景"。

（二）应景纹样的独特性

　　刘海戏蟾分心的魅力来自从细微之处努力融入场景，凸显主题，这也是应景纹样的设计理念。我们可能会产生疑虑，担心这样的理念与时尚潮流相悖，令簪戴者失去个性。无须担心，富有美感的设计总能轻易攫取人们的目光，令寿星脱颖而出。更何况应景服饰本身也是独辟蹊径的存在。哪怕都以祝寿为主题，银匠也可以撷取不同的元素，不断翻新样式和设计，进而营造不同的美感。要知道，戴着脚镣跳出的舞蹈往往比不受约束的创作更具感染力。

风格迥异的金镶宝玉"寿"字分心
出自北京市昌平区十三陵特区办事处编
《定陵出土文物图典》卷一

（三）应景纹样的设计

1. 攒聚寓意相同的素材

　　设计应景纹样是一门学问。首先要攒聚寓意相同的素材，它们是得到主流社会共同认可的物质符号，通过这些符号，整个社会能立刻将其与被赋予的象征意义联系起来。哪些传统元素可以用来表达"寿"之意？答案有"寿"字、表示程度的"万"字，还有仙鹤、蝙蝠、海水、江崖、佛手、仙桃、灵芝、苍松、鹿等图案。

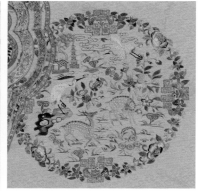

用于祝寿的"寿"字和寿桃纹样　　　　　　　　用于祝寿的"鹿鹤（六合）同春"团花

2. 基础设计程式

　　光有符号还远远不够，还要按照某种程式组合后才能达到理想效果。采用谐音或择取物品的形象构成吉祥寓意是设计应景纹样的惯用手法。

　　我们来看这样一块圆补：一条巨蟒自海水中跃起，前肢捧出梅花、牡丹、菊花，位于犄角上的莲花花瓣徐徐打开，吐出"圣寿"二字；巨龙左右两侧各有三条子孙蟒，每条蟒或托寿桃或捧灵芝，寿桃和灵芝上有"万""年""洪""福""齐""天"几个字，合起来就是"圣寿万年，洪福齐天"。补子的构图并不复杂，难得的是每一部分都能用不同的元素来演绎主题。譬如屈居配角的寿桃、灵芝象征长寿，海水、江崖亦取其形象寓意，象征寿山福海；而梅花、牡丹、莲花和菊花一同绽放被称为"一年景"，它们凑在一起，有"岁岁有今朝"之意。

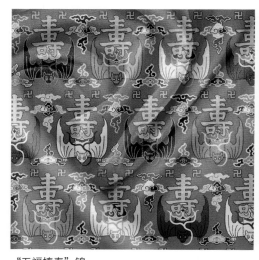

"五福捧寿"锦
该纹样组合了寓意长寿的卍和寿字，寓意"五福"
的五色蝙蝠，又用五色祥云营造祥瑞氛围
羊麒狼根据明代文物绘

寿山福海
佚名绘《寿山福海图》局部

不难看出古人为何要将主题相同的元素组合在一起，它们能够让人产生"喜上加喜"的感觉，喜庆氛围因此愈发浓烈。出于这种心理，明代人围绕福、禄、寿、喜、财等主题创立一套吉祥密码，不仅寄托对美好生活的向往，而且体现了他们对美的追求。

明中期剔红荔枝盒
荔枝谐音"利子""利市"，寓意人丁兴旺、生意兴隆，是宋代就开始流行的吉祥纹样，常用来装点服饰、器具

花瓶上悬饰蝙蝠、寿桃香囊、盘长，寓意福寿绵长；花瓶下摆柏树枝、柿子、苹果、佛手、灵芝细颈瓶，寓意百事大吉、福寿平安
清，佚名绘《岁朝清供图》局部

3. 进阶设计，穿在身上的史诗

如果你熟悉现在国际大牌珠宝的设计，会发现其中不少创意来自古代传说。将传说中个性鲜明的人物、波澜起伏的情节转化为可以触摸的视觉形象也是明代应景纹样的设计思路。下面就来聊一聊一套因明代传奇《瑶池会八仙庆寿》而衍生的头面。

（1）龙凤，并不只代表高贵

"乘鸾跨凤任翱翔，飘飘两袖拂天香"（出自明代杂剧《瑶池会八仙庆寿》第三折），神仙赴会，少不了乘鸾骑凤，于是工匠打了一支挑心，簪首饰穿过繁花的凤鸟。凤鸟精雕细琢，又依祥云的轮廓勾勒出尾翎。祥云上浮着一粒大珍珠，珍珠外盘桓着两条头尾交缠、以戏珠为乐的龙。

设计的确十分巧妙，但凤和龙并不是长寿的象征，它们的存在是否多余甚至弱化了祝寿的主题？

　　虽然应景纹样以渲染喜庆的氛围为第一要务，但并不代表只能在逼仄的真实空间中施展。用来插戴头面的鬏髻在此时略大于成年人的拳头，完全可以用"方寸之地"来形容，用来谱写一部史诗简直就是痴人说梦。由此，必须构建一个与现实场景紧密相连但更加丰满的独立意境。一只破空而出的凤鸟彻底摆脱了空间上的限制，让工匠的思绪能够天马行空。

　　工匠用凤鸟创造如诗如画的意境，那么龙的作用呢？相比攒聚吉祥寓意，彰显皇家的威严和尊贵也同样重要。

缂丝万寿图局部

此为臣子为恭贺皇帝生日而献上的万寿图，图中的两条升龙彰显受馈赠者的身份

金镶宝龙凤呈祥挑心

明代益宣王继妃孙氏墓出土，熊汪波摄

（2）神秘的乘凤女神

　　正面的分心饰一位乘青凤的女神。她盘膝坐于青凤背上，手持如意，衣袂翻飞，当是历经一段时间的疾驰后正徐徐降落。此时太阳高挂，日光倾泻而下，凤鸟青色的羽毛被染成了金色，泛出炫目的光彩，富贵气象不输镶嵌在翅膀和尾羽的宝石。

　　我们不由得猜测女神的身份。在喜庆的景象中，银匠不可能让人看到半分凄凉萧瑟，因此她不可能是常出现在纨扇上的乘鸾女。因为《团扇歌》中的"上有乘鸾女，苍苍虫网遍。明年入怀袖，别是机中练"的诗句会令人潸然泪下，与喜庆的氛围不符。一对金累丝镶宝双龙"福""寿"掩鬓揭开了女神的身份：她正是西王母，因赠予后羿不死药、送汉武帝仙桃的传说而成为长寿的化身。

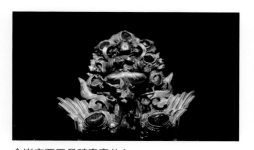

金嵌宝西王母骑青鸾分心
明代益宣王继妃孙氏墓出土，熊汪波摄

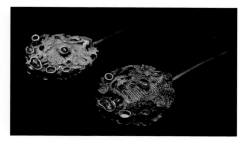

一对金累丝镶宝双龙"福""寿"掩鬓簪
熊汪波摄

（3）祥瑞大使，寿星和八仙

热闹喜庆离不开众仙拜寿，寿星和八仙遂登上舞台。

寿星又称南极仙翁，是一位身材矮小、胡须飘逸的老者，因象征健康长寿而在皇室和民间享有极高的声誉。八仙在明代指铁拐李、徐神翁（明朝中期何仙姑慢慢替代了徐神翁）、吕洞宾、蓝采和、钟离权、张果老、曹国舅、韩湘子八位仙人。他们各自有一个象征祥瑞的道具：铁拐李的是刚强如松柏、坚硬如铁石的拐杖；徐神翁的是包藏大地山河，贮满灵丹妙药的葫芦；吕洞宾的是移种在蓬莱阆苑盛开不败的花；韩湘子的是篆福寿字样的花篮。

赴蟠桃宴不能只带一张嘴，众位仙人也有任务在身。钟离权负责献紫琼钩，张果老献千岁韭菜，蓝采和轻歌曼舞，曹国舅拿着笊篱去捞寿面。这九位神仙聚在一起，最终凑成个"寿比南山增喜气，福如东海永波涛"（出自《瑶池会八仙庆寿》第三折）。

金镶玉宝八仙庆寿钿儿
熊汪波摄

场景二十 元宵节（上元节）出游

正月十五日那场由女主人主持的筵席一直持续到三更（当晚23点至第二天凌晨1点），最后在几架烟火中落幕。当时大街上游人如织，见烟火璀璨多姿，纷纷拥过来观看。人潮中，一位手擎摩羯灯的少女格外引人瞩目。她戴着银丝云髻，围一条珠子璎珞，头上勒着羊皮金沿边的珠翠头箍，耳边低垂金灯笼耳坠；身穿一件白绫袄、大红织金比甲，系一条织金璎珞出珠碎八宝宽襕裙，一双月下白海马潮云膝裤；脚上一双大红织金岁寒三友平底鞋。

☁ 一、少女的元宵节装束

（一）银丝云髻

云髻可用作少女日常装束，亦可成为盛装的基本组成。它以金银铜丝等材料编成环形底座，于底座前后两端架一座虹桥。此为寻常做法，是样式简洁的一种。还可赶个时髦，在底座上用金属丝掐出几朵卷云或灵芝，在虹桥后端两侧各列一座山子。这两种流行元素的运用使得云髻颇像一顶缩小的梁冠。

（二）金镶琉璃花簪

固定银丝云髻的是金镶琉璃花簪。在我国，女性以琉璃为首饰的历史很悠久，至少可以追溯至汉代。汉乐府有"腰若流纨素，耳著明月珰"之句，道出了琉璃耳珰如明月一般晶莹剔透。

琉璃首饰虽美，但在文人眼中却是"流离"之兆。有此担忧缘于南宋咸淳五年（1269），朝廷提倡节俭，禁止妇女佩戴珠翠，宫中女眷遂以蓝色琉璃簪钗为替代品，民间女性纷纷效仿，待"天下尽琉璃"时，南宋即告灭亡。在这场残酷的浪漫上演前，宋人已经彻底弄清琉璃制作的原理：它竟然是用铅、硝等廉价石头烧成的。如此一来，琉璃作为佛家七宝之一的神秘色彩消失殆尽，称呼也渐渐被"料石"代替。琉璃首饰从此走下神坛，变得比天然珠宝玉石更亲民了。

少女的盛装
明，佚名绘张济民夫妇容像局部

另一种样式的云髻

清同治时期的金镶琉璃花簪

（三）金灯笼耳坠，传统元宵节节物

在明代，耳坠和耳环有着严格的区分界线。耳坠略去了夸张的 S 形环脚，在粗金属丝弯成的圆环下悬系可摇曳的饰件。虽不及耳环典雅庄重，但胜在风流妩媚。

得益于流行的灯景，耳坠的装饰题材中也收入了灯毬。少女的这副耳坠用金丝编结而成，长不过一寸，最上方挂着悬系铃铎的六角灯盖，灯毬上点缀镶嵌细碎珠宝的梅花，分外精致玲珑。

明代嵌宝石珍珠累丝耳坠
松松发文物资料君摄

金累丝灯笼耳坠　松松发文物资料君摄

元宵节少女的首饰

（四）白色衣裙，又一样传统元宵节节物

1. 白色，元宵节的流行色

一道朱红色大门将吃酒筵的众堂客和走百病的仕女隔成了两个世界。在高规格的筵席上，再流行的时装都难登大雅之堂。娘子们依身份装扮得花团锦簇，跟着伺候的婢女也插金戴银、披红垂绿。门外的观灯仕女却走了另一个极端，她们用装束表明，白色才是元宵夜当之无愧的宠儿。然而，时尚流行常饱受诟病，白色亦不例外。它适用于丧事，又暗含兵戈之象，在文人眼中是不祥的颜色。之所以备受青睐，无非是因为在览不尽的灯火前，再艳丽的色彩也黯淡无光，不加修饰的白色反而能散发出令人痴迷的色泽，衬得人越发俏丽。这个特点使得白色衣饰蔓延到整个年节，甚至有向日常着装扩散的趋势。

2. 奢侈的白绫袄

裁制白色衣衫的面料种类不少，绫最受男女老幼青睐。白绫又以松江府产的轻薄白绫为最佳，是少数人才消费得起的奢侈品。即便是小有资产的市井妇女，也未必置办得起一件白绫袄。她们多半只能穿紫潞绸袄、玄色披袄，系一条挑线绢裙走百病。普通温饱之家的妇女更负担不起元宵应景服饰的花费，只能捡自己最光鲜的衣服凑数。一方销金汗巾、一领红袄、一件玄缎比甲、一条玉色绢裙已是她们竭尽所能凑出的行头。

3. 白碾光绢五色线挑宽襕裙

若看腻了织金裙，少女还可以换一条白碾光绢五色线挑宽襕裙。什么是碾光绢？即经过砑光处理的绢。在当时，工匠会用磨光滑的大蚌壳代替石块，竭尽全力将煮练过的绢刮磨一遍，以增加光泽度。在灯火之下，白绢微微泛着白光，温柔得仿佛掬了一捧月光。

这样的裙子只适合走雅丽范儿，若如妆花织金裙那般声势夺人反倒破坏了意境。雅丽并不是素淡，它工于修饰，底部装饰着宽约 34 厘米的裙拖。裙拖上面用五色丝线绣出风光秀丽的庭院景色，庭院中凿开池子，引来一池春水，水上架起一座回廊，池边点缀嶙峋太湖石，又广植翠竹、莲花、牡丹、蔷薇等植物，引得春燕、喜鹊、鸳鸯、凤凰等百鸟流连忘返。

白罗绣花裙
谷大建摄

（五）元宵节装束的风格

看到这里，大家会认为元宵节的装扮都无比淡雅，然而事实并非如此。搭配白绫袄的，通常是各色遍地金比甲和红、黄、蓝等艳色裙子。这样的对比使得白绫袄越发素净清冷，比甲、裙子以及满头珠翠越发艳丽奢华。用素净清冷去碰撞明艳华丽，比当代色彩饱和度高得可怕的红配绿高级多了。

膝裤拖上的纹样：织银海马潮云

比甲和白绫袄缘边的纹样：彩绣折枝花

大红织金比甲上的纹样：
宾雁衔芦

四合如意云纹为底纹，云纹
中以金线勾边，内织宾雁衔
芦纹样（纹样为作者参考费
城博物馆藏经皮设计）

平底鞋上的纹样：
织金岁寒三友

少女的元宵夜盛装：银
丝云髻、珠子璎珞、白
绫袄、大红织金比甲、
蓝缎织金裙

🌀 二、由宫廷流入民间的新样

（一）什么是新样？

　　或许你还记得女主人的灯景袄子。它是宫廷服饰的典范，值得我们花费时间倾听它的故事。如果要用一个词来形容宫廷服饰的风格，女主人多半会选"分裂"。相对于民间，宫廷女装的样式虽过于老旧，但纹样异常新颖，这些新颖的纹样被统称为"万历新样"，至少承载了宫中岁时节令一半的乐趣。

　　纹样之所以敢称"新"，是因为参与创作的宫眷、宫人长于撷取岁时节令中独有的景物，以拟物、象形的设计手法提炼出精美的纹样，最终形成完整的应景纹样体系和按岁时节令转换的程式。其中的意趣远胜民间传统的灯毬、艾虎、云月和"一年景"。

金镶宝祥云托日月装饰　核桃蛋摄

（二）新样的扩散途径

　　新样的创作由宫廷主导，通过赏赐缓缓流入民间。当然，内务府向地方织染局派发宫廷日用等用途的织染任务也促成了新样在民间的扩散。

　　待工匠熟练掌握新样的织造后，苏杭、松江等城市凭借高度发达的手工业将原本带着浓重皇权色彩的物品转化为可在市场交易的商品，为民间服饰时尚留下了浓墨重彩的一笔。这也从侧面解释了为何服饰僭越屡禁不止。成熟的产业链替明代的僭越提供了物质基础，令朝廷的禁令多次铩羽而归。

绸缎铺、成衣铺
百姓可以在市场上买到绸缎等高档面料，然后请裁缝加工，也可以选择去成衣铺消费。倘若衣裙样式稍显老旧，还可以去典衣行当掉，所得钱财又用于追逐新的时尚。自己织布、制衣并非时尚男女的首选模式
明，仇英绘《清明上河图》局部

（三）各个岁时节令的节物和新样

1. 正旦

时间：正月初一，即现代人的"春节"。

定位：在明代和现代都异常隆重的节日。

朝廷仪典：正旦朝贺。

民俗活动：阖家用三牲祭祖，用糕点、干鲜果祭佛；放炮仗，吃匾食，吃驴头肉，吃装着柿饼、荔枝、圆眼、栗子、熟枣等干果的"百事大吉盒儿"，饮屠苏酒；互相拜祝，恭贺新年等。

宫中新样：穿葫芦景补子及蟒衣，戴用豌豆大小的葫芦制成的首饰——草里金，宦官会在官帽上饰大吉葫芦铎针、枝个。

民间新样：无。

传统节物："闹嚷嚷"。

所用服饰：正旦朝贺时，皇帝穿衮冕，文武百官穿朝服；地方官员上表称贺，穿朝服在衙门行望阙礼。皇后穿由九龙四凤冠、翟衣组成的礼服接受命妇朝贺，朝贺时命妇亦穿礼服。行完国礼，宫廷上下换穿缀有葫芦景补子的吉服。民间富贵之家亦换穿吉服，家境一般的普通人换穿新衣服。

换上华丽新衣燃放爆竹的少女

头年腊月二十四到第二年正旦使用的"大吉"葫芦纹样

2. 立春

时间：立春是二十四节气之一，具体时间不定。

定位：在明代的重要性远超现代。

民俗活动：立春前一日，官府组织盛大的迎春仪式。立春当日，塑土牛和芒神，官员鞭打土牛以示催耕；顺天府府尹将春牛和句芒抬入宫中，向皇帝、皇后、皇子进春；杭州等地在鞭打春牛前还会举行盛大的社火，人们挤在大街两侧，将麻、麦、米、豆奋力抛打在春牛身上。这天还会食用葱、蒜、韭、蓼蒿、芥菜等制成的春盘（又称五辛盘），也会吃新鲜萝卜（被称为"咬春"）。

宫中新样：无。

民间新样：无。

传统节物：春燕、春鸡、春幡等。

所用服饰：在迎春仪式中，官员簪花，按品级穿大红补子圆领袍；儒生穿襕衫、青圆领。立春当日，官员按品级穿公服鞭打春牛，礼拜芒神；向皇帝进春时，文武百官穿朝服朝贺。妇女无论是否参加社火，都会在立春当日簪戴春幡、春燕等节物。

"太平安乐"春幡
核桃蛋摄

3. 元宵

时间：正月十五。

定位：大多数现代人只吃汤圆应景，但在明代是空前繁盛的节日。

民俗活动：正月初十开始，各地会陆续举办灯市。灯市最繁盛时当属正月十六日，但也是灯市结束之日。只有福建是个例外，灯市一直延续到正月二十日。除了观灯，还有放烟火、走百病、跳百索、击太平鼓、唱傩戏等民俗。人们也会去三官庙祭拜，请求天官赐福。

宫中新样：灯景补子及彩色蟒衣。

民间新样：无。

所用服饰：民间妇女戴闹蛾、玉梅、灯毬等首饰，穿白色衣裙；时髦男青年效仿妇女，开始穿白色衣服。

明代灯景经皮　　明代灯景织物

4. 清明

时间：冬至后第一百零八日。

定位：现代人想象中凄惨悲戚实际却充满明媚色彩的明代嘉年华。

民俗活动：墓祭，春游，观看艺人表演吞刀、吐火、高空走索等杂技，打秋千，斗百草，赏牡丹和海棠。宫眷内侍在鬓边簪杨柳，在后宫各宫院安秋千一架。

宫中新样：秋千纹样。

民间新样：无。

传统节物：无。

民间墓祭、春游服饰：依身份着盛服。官员着大红补子圆领，官员妻着大红通袖袍；儒生着青圆领、襕衫，儒生妻着大红通袖袍；普通百姓着绫罗等高级面料裁制的道袍、直身、褶儿，他们的妻子依财力着大红通袖衫或者绫罗等高级面料裁制的裙衫。

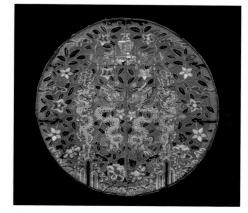

秋千补子

打秋千

明，仇英绘《清明上河图》局部

斗百草

明，仇英绘《汉宫春晓图》局部

5. 端午

时间：五月初五。

定位：在现代简化许多，但在明代异常多彩的节日。

民俗活动：系端午索，戴艾叶、五毒灵符；饮雄黄酒，吃粽子；悬五雷符，门上插菖蒲、艾叶，挂画有天师驭虎、仙女执剑降五毒的吊屏；踏青；宫中、楚地、蜀地、闽地争相竞渡；端午节也是北京等地的女儿节，各家用石榴花装扮未嫁女，出嫁女则回娘家团聚。

宫中新样：五月初一日至十三日，宫眷、内臣皆穿五毒艾虎补子蟒衣。

民间新样：无。

传统节物：钗符、艾虎、艾人、小粽子、长命缕。

榴花下悬挂的艾叶、方胜、
艾虎、艾人、小粽子等节物
佚名绘《天中佳景图》局部

五毒纱

五毒艾虎补子
根据《大政记》记载，永乐以后，部分服侍在皇帝身边的宦官会穿五爪蟒纹，颜色有红黄之分。这种蟒被称为蟒龙，自明中期开始向民间扩散
羊麒狼根据明代补子绘

6. 七夕

时间：七月初七。

定位：在现代被商家为促销商品而捧成情人节，但在明代是和爱情没有半点关系的乞巧节。

民俗活动：女性乞巧。北京等地的女性投针验巧，她们将一根针投入盛满水的碗中，倘若针影像云朵、鲜花、鸟兽或者剪刀等物，便是得了巧。有的地方的女性穿针乞巧，她们在庭院或楼台摆上酒肴瓜果，一边讲牛郎织女的传说，一边对月穿针乞巧。还有蜘蛛乞巧，七夕当天将蜘蛛装在小盒中，第二天早上观察盒中蛛网，倘若蛛网稠密则乞巧成功。

金镶宝喜珠簪　川后摄

宫中新样：鹊桥补子。

民间新样：喜蛛簪。

传统节物：宋代有磨喝乐，但在明清时期已不甚时兴。

7. 中秋节

时间：八月十五。

定位：在明代和现代都很受重视的节日。

民俗活动：食月饼，阖家祭月，饮酒作乐。明代的祭月很是讲究，人们将祭桌安放在月亮升起的方位，桌上供奉一张月光纸，月光纸尺寸不一，小至 10 厘米长，大至 3 米长。纸上绘月宫，月宫中有一只站立的兔子正在捣药。祭桌上还要摆放圆形的月饼和时令瓜果，西瓜须切成莲花状。

宫中新样：玉兔补。

民间新样：无。

传统节物：无。

玉兔纹饰纱　图片由大都会博物馆提供

仙女玉兔纹裙襕

清末民初的月光纸

8．重阳节

时间：九月初九。

定位：在现代被包装成敬老节，但在明代实则为登高赏花的节日。

民俗活动：食花糕、螃蟹，饮菊花酒，赏菊花，登高。

宫中新样：自初四开始换穿重阳景菊花补子蟒衣。

民间新样：无。

传统节物：无。

9．颁历

时间：十月初一。

定位：被大多数现代人遗忘但在明代很受重视的节日。

民俗活动：送寒衣。和清明、中元节一样，十月初一是祭祀先祖的日子。人们纷纷到冥衣铺购买彩色纸衣、靴、袜于当晚烧给先祖。倘若亲人新丧，则只能送白纸做成的寒衣。

宫中新样：八宝、荔枝、万字、鲇鱼等构成"宝历万年"。

民间新样：无。

传统节物：无。

缠枝菊花纹
图片由大都会博物馆提供

10．冬至

时间：十一月的某一天。

定位：在现代大多数人只知道在这一节气吃饺子，但备受明代朝廷重视，与正旦、万寿圣节一道合称"三大节"。

朝廷礼仪：冬至当天，皇帝到南郊祀天，祭祀结束后接受文武百官朝贺，各地宗藩、官员上朝贺表笺、行望阙礼。

民俗活动：常朝官员着吉服相互拜冬；民间妇女赠送尊长鞋履；民间、宫中俱或绘或印"九九消寒"诗图，每日涂一片梅花花瓣；宫中还会装饰绵羊引子画贴，以求吉祥。

宫中新样：阳生补子蟒衣，绵羊太子纹样。

民间新样：无。

传统节物：无。

所用服饰：皇帝在祀天和接受朝贺时着衮冕，陪祀官员着由梁冠、青罗衣、红裳组成的祭服，其余官员着朝服在承天门迎接祭祀归来的皇帝，然后仍穿朝服朝贺。待国礼结束，宫廷上下换穿吉服，文武百官换穿大红补子圆领相互拜冬。

阳生纹样（羊口吐清气即"阳生"）

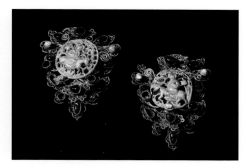

金镶宝绵羊引子掩鬓（绵羊太子骑羊，戴狐帽，穿裘皮罩甲，肩扛一枝梅花，枝上悬挂鹊笼）
北京海淀区青龙桥董四村明墓出土，出自《北京文物精粹大系》编委会、北京市文物事业管理局编《北京文物精粹大系·金银器卷》

11. 祭灶

时间：十二月二十四。

定位：逐渐湮没在岁月中但备受明代人重视的节令。

民俗活动：宫里蒸点心，办年货，竞买时兴绸缎制衣；民间以糖饼、黍糕、枣栗、胡桃、炒豆祭灶，焚烧购买的灶马以示送灶君朝天，同时用加黑豆的草料"贿赂"灶神的坐骑——灶马，希望灶君在述职时多替自己美言，以此收获玉帝降下的更多福气。

宫中新样：葫芦景补子及蟒衣。

民间新样：无。

传统节物：无。

12. 除夕

时间：腊月三十。

定位：在明代和现代都很隆重的节日。

民俗活动：宫中和民间俱换新桃符，贴门神，室内悬挂钟馗、判官等画像，在屋檐下插芝麻秆，希望日子越过越红火；俱燃放爆竹，架松柴，有的甚至将松柴码得和房屋一样高，入夜后焚烧，谓之"烠岁""烧松盆"；阖家祭祖，守岁，大吃大喝，分食中秋节剩下的月饼（除夕时名"团圆饼"）。

宫中新样：葫芦景补子及蟒衣。

民间新样：无。

传统节物：无。

换上华丽新衣，张贴年画钟馗的少女

第九章

用于朝觐
的服饰

朝觐考察流程图

男主人于十一月初打点行装，备办拜见礼物 → 十一月二十二日，从山东临清州出发

十二月十一日一早，向上司递上拜帖，上司管家将男主人迎到私宅吃酒，告知其即将升官 ← 一路不紧不慢，于十二月初十抵达京城

差仆人到鸿胪寺报名，领取临时出入宫禁的水牌 → 十二月十八日，着常服行朝觐礼，然后由鸿胪寺官员引见

十二月二十六日，拜见新上任的锦衣卫掌事都督同知 ← 行完朝觐礼，被一名太监拉到值房内款待

万历十四年（1586）正旦大朝会，着朝服在皇极殿前行礼

正月初二，吏部会同都察院考察天下朝觐官，初四考核山东官员

正月初八考核完毕，开始奖惩，男主人升正五品 → 十八日，皇帝在会极门嘉奖廉能官

二十三日，三法司、科道官大班纠劾

二十六日，皇帝敕谕朝觐官，男主人着公服谢恩见辞

场景二十一　朝觐考察前的闲聊

在得知男主人会参加来年正月举行的朝觐考察后，府中上下颇为兴奋。大家凑在一块儿，围绕皇帝后妃的容貌、衣食住行、京都轶闻开了好几次"座谈会"。唯有女主人的关注点不同，她迫切期望男主人替她挣一个封赠，好在正旦、冬至以及寿诞庆贺鲁王妃，进一步提升社交圈的层次。

一、礼服，女性最重要的服饰类别

现代人所说的礼服是一类服饰的统称，它专用于某些庄重场合和重要仪典。明代人的礼服却没有这么宽泛，它是明代衣冠体系中的一个类别，仅为内外命妇所有。一旦被塑造成特殊群体的身份象征，服饰就会变得无比高贵，进而远离日常生活。不过成为礼制的重要一环，仅用于受册、朝见、祭祀等重要仪典也不是什么坏事。在一个重视礼制的国度，礼服的生命力比随时面临淘汰的时装顽强太多。

二、如何才能拥有礼服

官员妻子在获得朝廷封赠后方可穿着礼服。按规定，此项殊荣和官员的考核直接挂钩，只有品阶在七品以上，工作至少满三年且通过考核，品行端正的官员才有机会替母亲和妻子请封。

然而，朝廷封赠不同于如今国际大牌的特殊款，消费达到一定额度就能购买，想获得封赠还得凭运气。原配妻子和第一任继妻获得封赠的机会均等，第二任继妻的机会十分渺茫，只能依靠特殊恩典。譬如明中期的名臣夏言，在加封为从一品的太子太师后，才成功替第二任继妻申请了封赠。官员母亲获得封赠的规定有过变化。在隆庆之后，继嫡母失去封赠资格，而生母为妾室的，要在已亡故或者嫡母不在的情况下才能得到封赠。难怪在容像画中，许多头戴凤冠的女性只穿了补子圆领或者通袖袍，不是她们不想穿大衫，而是制度不允许啊。

三、礼服的组成及搭配

（一）大衫

礼服由珠翠冠、大衫以及霞帔组成。珠翠冠在前文已有讲解，故不再赘述。大衫亦称大袖衫，源自晚唐女性的披衫。在宋代，它发展成熟，成为仕宦、富贵人家女眷的盛装。到了明代，大衫的用途再次改变。由于勋贵官员不再穿着冕服，除皇后、太子妃以外的内外命妇便失去了穿翟衣的资格。为了填补空白，大衫从常服升格为礼服。

　　大衫的样式被烙上时光的印记。直领、对襟、大袖、衣身两侧开衩、衣摆前短后长、后摆曳地，点点滴滴都彰显传统的力量。但它也没有墨守成规，某些细节还是体现了鲜明的时代特色，譬如原本位于大衫后摆底部的三角形兜子上移至腰部且被缝死，失去了收纳霞帔的功能。

大袖衫
五代，佚名绘敦煌壁画《菩萨引路图》局部

着大袖衫、曳地长裙、霞帔的杜太后
宋，佚名绘昭宪杜太后像

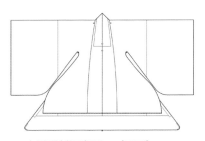

大衫形制示意图一（正面）

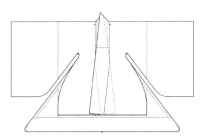

大衫形制示意图二（正面）

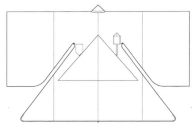

大衫形制示意图三（背面）

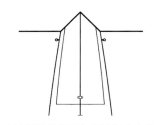

大衫领侧的纽子与霞帔扣合之处

（二）霞帔

霞帔由两条狭长的绢帛带子组成。带子于前端制成三角形，缝合在一起，有的在此处缝缀两三条横襻，以供悬挂帔坠。霞帔中间内侧各缝扣襻一枚，用于与大衫领侧的纽子扣合；绕过肩膀后又缀一条横襻，为的是将两条带子连接在一起，保持它们的平整和美观。

为了彰显命妇的品秩，霞帔上装饰花样。根据规定，一二品命妇的霞帔饰云霞、翟纹，三四品饰云霞、孔雀，五品饰云霞、鸳鸯，六七品饰云霞、练鹊，八九品仅饰缠枝花纹。然而，规定和现实总有一定的出入。到了晚明，命妇们更倾向于装饰品官花样或寓意吉祥的图案。

霞帔的形制示意图（右侧披在身前）

霞帔上的白鹇纹样对应男主人正五品的品秩

（三）霞帔坠

霞帔坠本为水滴状，上钑花样。帔坠的花样与霞帔一样，均体现主人的身份。当僭越违制的风气在民间弥漫之后，霞帔坠的装饰功能陡然提升。工匠们依着潮流，取葫芦、瓜果、杂宝、璎珞、鲤鱼等百物形为样板，将它打造成礼服中为数不多的有趣元素。

明中期菊潭郡主的水滴状霞帔坠，上饰翟纹
核桃蛋摄

女主人的瓜果形帔坠

（四）礼服的搭配层次

在成熟的服饰体系中，时装和礼服的功用总是大相径庭。时装主要负责展现时代个性，因此时常变化，一心想突破固定的标准。礼服专注于展现历史的厚重，更注重传统的延续。

这个特点在礼服的搭配上体现得淋漓尽致。在宋代，大袖衫内衬红罗背子、黄红色纱衫、粉色纱短衫、红罗长裙以及白纱裆裤。到了明代，大袖衫的搭配程式只是略微调整，最终形成了大袖衫、圆领袍（内命妇为鞠衣）、褙子（又名四㧿袄子，后被袄衫代替）、袄衫、汗衫（冬季为小袄）的固定程式。

宜人（五品命妇）的礼服：
珠翠冠、大衫、霞帔、圆领袍、裙、象牙笏板、金镶宝石闹妆

场景二十二 朝觐官驻足寒风中

进了宫城，男主人遵循流程行朝觐礼。仪式刚结束，他被几个内使拦住去路。这天天气格外阴冷，朝廷又不许觐见的朝觐官戴暖耳，男主人在寒风中站立许久，早已丧失思考能力。为首的太监显然是个急性子，见男主人一脸茫然地看着自己，一把将他拉到值房内说话。

一、暖耳，身份的象征

（一）彰显权威的御寒小物

暖耳和女性的卧兔儿一样，是戴在头部的御寒用具。它的结构稍显复杂，先用两寸宽的黑色素缎做圆箍，再在圆箍两侧各缀一块貂皮。

别小看一个小小的暖耳，非皇室宗藩、内侍、文武官员者不能享用。为了体现皇权的威严，常朝官员完全失去自由佩戴暖耳的权力，他们必须等到每年十一月皇帝赏赐后方能佩戴。倘若皇帝耍赖不发，官员还要上《请传戴暖耳疏》替自己争取福利。

男主人的暖耳

（二）两极化的用户体验

在我们眼中，暖耳戴在大老爷们头上会产生反差感，毛茸茸的很是可爱。但明代官员不接受这种反差，甚至觉得暖耳的外形不雅观。某些身体强壮的南方官员宁愿忍受霜刃般的朔风也强撑着不用。与南方的同僚相比，男主人却对暖耳青眼有加。他并非被几百年后的审美同化，而是急于通过暖耳炫耀身份，获得高人一等的优越感。

二、宦官到底穿什么？

（一）并非都穿飞鱼服

宦官的装束和身份是严格对应的。刚入职的小火者、内使，只以俗称"砂锅片"的平巾、青贴里、荷叶头乌木牌的形象示人；升为长随，就可以领一套狮子补圆领和角带；正六品奉御被允许穿麒麟补，束金镶玳瑁带或犀角带；正四品及以上的内侍方有资格称太监。太监也

有贵贱之分，他们的地位依然通过纹样加以区别。笼统地讲，束玉带的地位最高，穿蟒的比穿飞鱼的尊贵，穿飞鱼的又在穿斗牛的之上。到了寒冬，只有司礼监掌印太监、掌事牌子等可享用披肩，其余只能佩戴暖耳。

戴平巾的小火者或内使
《东阁衣冠年谱画册》局部
王轩摄于"明万历于慎行肖像画册展"

麒麟补

飞鱼纹
飞鱼长有龙身鱼尾

斗牛纹
王轩摄

（二）披肩

虽名称相同，但古人的披肩与现代的相去甚远。它并非披围于肩部，而是像暖耳那般戴在冠帽外。披肩以貂皮制成圆箍，高 19 到 23 厘米，尺寸比暖耳大了许多。圆箍两侧亦缀皮毛条，长至肩膀，看上去富贵逼人。

（三）太监的职业装，并不只是贴里

受影视剧的影响，很多人误以为太监的职业装是贴里。其实太监和民间百姓一样，也会根据场合着装。

戴披肩的仕女（左），戴卧兔儿的仕女（右）
清，佚名绘《仕女图》局部

1．在国家重要仪典上的服饰

　　每逢祭祀，陪祀的太监穿戴五梁或七梁冠、祭服。此为隆庆年间因太监祭祀中溜神的需求而做出的创新。

　　凡遇万寿节、正旦、冬至，上至司礼监掌印太监，下至管事牌子，皆穿梁冠、朝服。

　　若遇大朝会，按品阶穿朝服。

　　每月朔望朝参，穿公服。

　　若遇皇极门举行的常朝御门仪，按品级着各色圆领袍，若无资格穿圆领袍，则穿缀补衣撒。

　　若遇在文华殿举行的经筵礼，太监按品级着大红补子圆领或大红通袖袍，系革带；若无资格穿圆领袍，则穿缀补衣撒或膝襕衣。

　　逢皇帝外出躬祀、谒陵谒庙、召对燕见、日讲、休闲娱乐，扈从太监按品级穿饰云肩通袖膝襕的直身、衣撒。

经筵礼上穿大红补子圆领或大红通袖袍的太监
明，佚名绘《徐显卿宦迹图》局部

日讲中穿各色直身、衣撒的太监
明，佚名绘《徐显卿宦迹图》局部

2．寻常工作日的着装

　　太监在寻常工作日仍按职务着装。司礼监掌印、秉笔、随堂太监等御前近侍，穿缀补红贴里；司礼监掌印过司房看文书，东厂掌刑、贴刑千户，掌贴领班司房，穿直身；司礼监提督至写字，穿衣撒；东厂十二课管事，穿裰褶、白靴；二十四衙门内侍穿青贴里。

3．日常生活着装

　　太监在平日里与民间一样穿便服。

　　根据以上着装指南，太监的形象跃然纸上。他头戴官帽，穿着一件新裁的大红蟒龙袍，腰横光素白玉带，革带上悬挂牙牌，脚穿粉底皂靴，很是威风。

穿戴官帽、大红蟒龙袍、光素白玉带的太监

（四）牙牌，古代的门禁卡

由于时常出入宫城，常朝文武官员、锦衣卫将士及品阶在正六品奉御之上的宦官都会领一块牙牌。它的用途在于加强宫禁安防，相当于当代的门禁卡。

牙牌悬挂的方式和玉佩相同。挑选一枚长约七厘米的提系，提系以金银珠玉制成，上拴一枚小钩，钩上系丝线，丝线另一端拴在革带或绦儿上。提系下垂长约 27 厘米的红色牌穗，半遮住系在牌穗内的牙牌，仅露出牙牌的底部。

除了留都南京，其余地方官员都不能佩戴牙牌。因此，男主人在与京官交流时发出如此感慨："输你腰间三寸白。"对方亦羡慕他可以僭越，张打双檐伞，安慰道："少君头上两重青。"双方遂相视一笑。

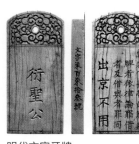

明代文官牙牌
图片出自"衣冠大成——明代服饰文化展"

明代内监牙牌
图片出自刘宁撰论文《明代牙牌散记》

（五）锦衣卫的工作服

讲完内侍的职业装，或许你会对锦衣卫的工作服产生兴趣。他们的工作服并非华丽的飞鱼衣撒，具体穿什么同样得看场合和身份。若遇大朝会，锦衣卫千户六人身穿朝服于皇极殿（嘉靖四十一年前称奉天殿）前侍班，锦衣卫将军则穿全套盔甲，执刀弓矢，其余展列皇帝卤簿的锦衣卫校尉戴鹅帽，穿衣撒、贴里、直裰等便服，系抹金铜带和铜牌。为了体现皇权的威严和仪典的隆重，校尉的便服上会装饰华丽的团花。

分别穿金盔甲、明盔明甲、红盔青甲的锦衣卫将军
明，佚名绘《出警图》局部

执掌仪仗的锦衣卫校尉
明，佚名绘《出警图》局部

　　若在皇帝大祀、巡幸学校时扈从，包括堂上官在内的锦衣卫将军俱穿盔甲随侍。若遇皇帝行耕耤礼，祭祀前视牲，亲自参与祭祀历代帝王、先农、朝日、夕月、天神、地祇等中祀，本卫堂上官服乌纱帽，穿饰有蟒纹或者飞鱼纹的直身，系鸾带，佩绣春刀。千户、百户所穿款式和堂上官相同，只是多为青绿色，纹样不如上司尊贵。

　　若遇皇帝祭祀太庙、社稷，锦衣卫堂上官的着装与常朝相同，仍服乌纱帽、大红缀补直身。

　　若遇常朝，掌领侍卫官穿凤翅盔、锁子甲，腰系金牌和绣春刀，立于御座左前方；锦衣卫堂上官穿大红缀补直身，腰系金牌，立于御座右前方。

　　若遇文华殿经筵，由二十位隶属于锦衣卫的大汉将军组成仪仗队，和早晚朝、宿卫、扈驾一样，俱戴红缨铁盔帽，穿甲，佩刀，手执金瓜。率领他们的管将军官则服乌纱帽、大红缀补直身。

　　锦衣卫校尉还要分担京城部分治安工作，比如缉捕盗贼、处决重囚、勘提囚犯到京城、监察朝觐官、收缴京城九门税等。此时并无明确规定，或穿盔甲，或穿便服，系抹金铜带和双鱼铜牌，看上去和寻常衙役相仿。

穿大红蟒衣、飞鱼直身的锦衣卫堂上官，穿青绿锦绣的千百户，穿金盔甲的大汉将军

明，佚名绘《出警图》局部

从事缉捕盗贼等工作的锦衣卫校尉装束

明，佚名绘《于慎行宦迹图》局部

王轩摄

☁ 三、赐服，一项特殊的荣誉

现代人不太能正确理解皇权的威严，然而在沾一口龙气都是祖坟上冒青烟的明代，人们会削尖脑袋，想方设法挤上获得赐服的独木桥。然而幸运儿始终是少数，靠功绩获得赐服的官员寥寥无几。如此看来，赐服并不只是一件衣服，而是至高无上的荣宠和礼遇。穿上它，无疑是向所有人高调炫耀：我可是皇帝跟前的大红人。

（一）赐服的款式

官员获得赐服的途径较为多样化，如考满、修史、丁忧、致仕、经筵、视学、出使、军功，以及八十、九十老臣赐服等。无论通过哪种途径，宦官和文武官员的赐服都多为常服和便服。

大家很容易认为赐常服就是赐一件圆领袍，然而量词"一袭"会告诉我们真相。"袭"的意思是成套的衣服，意味着赐服是盖面连同衬衣一起赐予受赏者的。衬衣泛指衬在盖面内的衣服。它的款式很多，选穿哪款取决于盖面。盖面若是圆领袍，衬衣须为搭护和贴里。在这种情况下，外织染局每年必须按计划织造数量相同的圆领袍、搭护以及贴里以备成套赏赐。

（二）光素白玉带

玉带在明代是高贵显赫的代名词。除获封三公、三孤等虚衔的重臣，获赐玉带的官员可谓凤毛麟角。曾有人做过统计，南京二百四十余年中得系玉带的官员也就四人，其中有两人还是因为出使朝鲜而按惯例得赐玉带，在复命后仍需缴还。

相比官员，太监获赐玉带相对容易。久而久之，他们提炼出四季穿着规律，令玉带成为精致宫廷生活的写照。按规定，夏季穿带銙镂空雕刻的玲珑玉带，春秋两季穿饰有浮雕纹样的顶妆玉带，冬季则系仅做抛光处理的光素玉带。

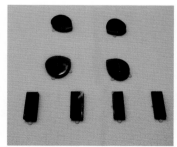

明光素墨玉带銙
益定王棺内出土，作者摄于"金枝玉叶——明代江西藩王金玉器精品展"

明玲珑玉带銙
图片由台北"故宫博物院"提供

明顶妆玉带銙
图片由台北"故宫博物院"提供

（三）赐服的用途

赏赐下来的衣服又用于什么场合呢？千万别被华丽的纹样晃花了眼。赐服并非服饰体系中独立的类别，穿戴仍需遵守已有的着装规则。

譬如皇帝初开经筵，按惯例赐内阁大臣蟒衣一袭，赐日讲官金罗衣一袭。蟒衣和金罗衣即大红圆领袍，用途与常服高度重合，可用于经筵等吉庆场合。

皇帝谒陵、大阅、巡幸，赐给官员和太监装饰蟒纹的衣撒、直身以及鸾带。它们属于便服，用于外出扈从、扈驾等场合。

如果赐服是道袍、贴里，仍属于便服，用途与平时相仿。譬如出席同僚主持的筵席，脱掉补子圆领后便可换上它们。

衣撒和鸾带

明，佚名绘《东阁衣冠
年谱画册》，王轩摄

饰云肩通袖膝襕的道袍

明，钱复绘《邢玠像卷》局部
出自"衣冠大成——明代服饰文化展"

（四）赐服的纹样

1. 纹样的种类

赐服上的纹样分两类。一类是高于受赏者品秩却仍在品官花样范围之内的纹样，例如位列正二品的衍圣公曾获赐代表一品官员的云鹤纹补袍。另一类则是蟒、斗牛、飞鱼等像龙生物。

蟒纹按形态可分为行蟒和坐蟒，按数量分单蟒和双蟒。行蟒的头部和身躯皆斜向，坐蟒呈正向，最为尊贵。在明早期，坐蟒为随侍皇帝左右的宦官独有，直到万历六年（1578）神宗大婚，文武官员才沐浴这种皇恩。

刺绣坐蟒补子

清代袍料上的行蟒

2. 纹样的布局

提到万历新样，人们立刻会想到大吉葫芦、宝历万年、阳生等纹样。出乎意料的是，看似寻常的喜相逢式双挂蟒纹竟然也是新样。那么旧样中的龙、蟒到底是如何布局的呢？答案是过肩。意思是用一条龙或蟒的躯体横跨胸、背与双肩四个位置，进而勾勒出云肩的框架。

喜相逢式的双挂坐龙（龙减一爪即为蟒）

羊麒狼根据明代文物绘

场景二十三 正旦大朝会

就在男主人为前程而四处结交的时候，新的一年悄然而至。这天天还未亮，男主人就在小厮的伺候下穿朝服，为正旦大朝会做最后的准备。

☁ 一、穿着朝服的场合

朝服是官员最高规格的礼服，用于大祀庆成，正旦、冬至、万寿圣节三大节，颁降、开读诏敕、进表以及传制等场合。作为地方官员，男主人穿着朝服的场合比常朝官员少，仅用于三大节、拜牌以及迎诏等等。

☁ 二、朝服的组成和穿着顺序

在燃着炭火的卧室内，男主人穿好小袄、夹裤、夹裙和白绒袜，束好发髻，戴上网巾，又让小厮取一件绿色棉道袍。趁穿戴内衬的空档，小厮将早已备好的朝服捧了过来。

仍然如同穿常服那般先穿黑色云头履，戴象征五品官员的三梁冠。冠履穿戴妥当后方系赤罗裳，赤罗裳状若女裙，裙摆缘以青色镶边，穿上身后，裙门两两重合交叠，前后各自形成一个马面。整理好裙褶，男主人披上镶有青色缘边的白纱中单。

明代赤罗裳　谷大建摄

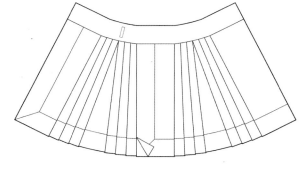

赤罗裳形制示意图

明代中单　谷大建摄

中单形制示意图

中单、赤罗裳、黑色云头履

　　然后穿赤罗衣。赤罗衣的结构与道袍相似，领、襟、襕、裾等处亦镶青色缘边，袖宽 70 余厘米，肥大而不收祛。赤罗衣衣身较长，穿着长及膝盖之下。下摆两侧开衩并接摆，摆通过拼接、作褶的方式制成，并以折回的方式绕至后襟中缝处。

明代赤罗衣　谷大建摄

赤罗衣形制示意图（正面）

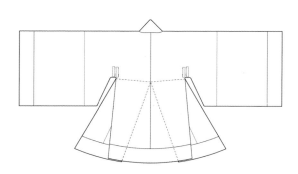

赤罗衣形制示意图（背面）

衣裳穿好之后还要佩戴规制配饰。先系一条缘有本色镶边的赤色蔽膝，然后在腰后系一条绶。绶状若长方形，长90余厘米、宽30余厘米，下结青丝网，上有黄、绿、赤、紫四色丝线织花样，又有带状小绶编成的同心结和两枚银镀金环。

蔽膝形制示意图

大带与蔽膝

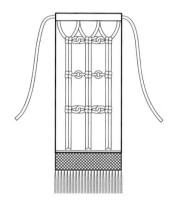

绶形制示意图，上饰
同心结和两枚绶环

大带与绶，绶上系绶环

穿好蔽膝和绶，小厮帮男主人系大带。大带表里皆为白色，仅在绅处饰绿色缘边，合围后用缝缀在两端的细绸带系结固定。大带中间缝两根长一米多的青色丝绦，丝绦末端饰青色穗子，绕到身前系结后下垂。

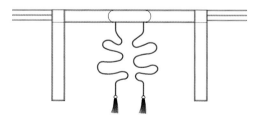

大带形制示意图

朝服正面效果图

朝服背面效果图

　　还得在腋下悬挂一围革带，并用缝缀在衣身上的系带拴好。它与常服所用相差无几，但为了悬挂玉佩，有的会在带銙下附方形小环。这个细节充分体现大礼服的设计理念，即在追求仪式感的同时兼顾实用性。

　　束好革带，小厮从漆盒中取出一副装在红纱囊中的药玉玉佩。若革带带銙附方环，只需将玉佩顶端的鎏金钩子挂在方环上；若带銙不附方环，将玉佩系在带鞓上即可。

　　玉佩用丝线串成，鎏金钩子下依次悬系玉珩、玉瑀、玉琚、玉花、玉璜、玉滴以及冲牙等饰件。行动之间，玉饰件相互撞击，发出清脆的声音，煞是好听。然而玉佩的结构令玉饰件很容易缠在一起，为了避免突发事故影响仪典的进行，朝廷只能牺牲这铿锵之音，让大家在玉佩外罩一只红纱袋。

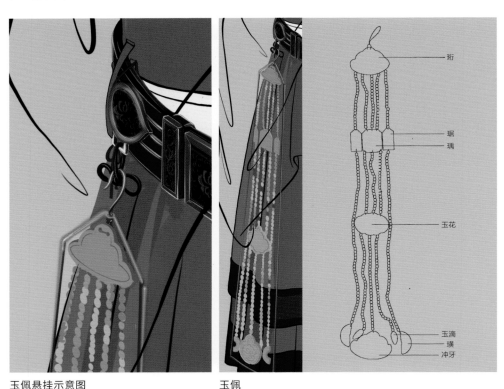

玉佩悬挂示意图

玉佩

玉佩形制示意图出自"衣冠大成——明代服饰文化展"

　　一番折腾后，整套朝服总算穿戴完毕。小厮捧着盛有象牙笏板的盒子，跟在男主人身后。待一行人行至承天门（即现在的天安门），男主人才拿了笏板向午门走去。

三、胡乱改变的朝服

洪武二十六年（1393），南京城中发生了这样一件事。一个叫颜锁柱的小贩因擅自将皮鞋改为皮靴而被判处死刑，家人也被流放云南。这桩由鞋子引发的案件给我们的心蒙上一层阴影，进而产生了不规范的着装会引来杀身之祸的错觉。

其实不止普通人，官员也爱在衣饰上做文章。或许只是图个方便，也有可能是享受发挥创意的乐趣，很多官员去掉大带围腰部分，将绅直接缝在蔽膝上。也有官员摘下绶环，在绶上织出同心结和环形花纹。革带本应摘下七枚排方，官员们非但不按制度执行，还将绶系在革带下方。至于玉佩，大家拒绝去掉玉滴和玉花，反正有红纱囊罩着，御史未必能看清楚啊。

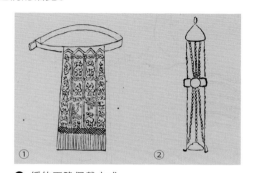

❶ 绶的正确佩戴方式
系在革带上方，掩住去掉排方的带鞓
❷ 玉佩的正确形制
与旧制相比，玉佩去掉了玉滴、玉花等饰件

为何官员违反服饰制度，朝廷采取默许甚至纵容的态度，而颜锁柱却倒了大霉，被处以极刑？

首先，服饰制度体现当时森严的社会等级，但只要不扰乱政治秩序，个体在着装上还是有一定自由的。颜锁柱作为庶民，在朝廷刚颁布禁止庶民穿靴的诏令后便顶风作案，让急于树立皇权威严的朱元璋不得不杀他以警示众人。到了明后期，朝廷执政能力被极大削弱，在不威胁皇帝尊崇地位的情况下，朝廷不会过多干预。

其次，朝廷从辨明官员品秩高低出发，仅把控朝服的用途、质地、颜色、纹样等关键点，对着装效果的关注不够，否则也不会忽略制定朝服各部分的详细尺寸了。更令我们吃惊的是，明代官员的职服全由官员自己准备。这无疑拓宽了朝服的创作空间，令本属于礼制重要一环的服饰被时尚流行渗透。

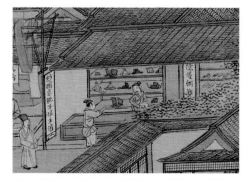

能在商铺中购买的官员职服——朝鞋、乌纱帽、幞头等
明，仇英绘《清明上河图》局部

场景二十四　谢恩见辞

　　依靠四处结交，男主人在京中如鱼得水。正月初四，吏部会同都察院考察，正月二十三日，大班纠劾，他均轻松通过。正月二十六日，男主人穿着公服谢恩，随后带着敕谕离开京城。

✿ 一、公服的穿戴场合和形制

　　公服用于每月初一、十五的朝参，冬至、正旦、万寿节行庆贺礼，贺皇帝、皇太子冠礼，皇子降生，颁历，藩王来朝，新官到任，谢恩见辞，立春劝耕仪式等场合。它由幞头、圆领袍、革带、皂靴组成，外观和常服多有相似。

（一）展脚幞头

　　展脚幞头是左右两脚平直且细长的幞头，由前屋、后山、帽翅三部分组成。它以铁丝作骨，表面敷黑纱，后山呈方形。幞头帽棱角分明，唯有前屋顶部有平缓的弧度。和略显圆润温吞的乌纱帽相比，展脚幞头的风格冷硬不少。

　　在巾帽膨胀的时代，幞头的前屋和后山拔高，帽翅却变得短小，仿佛将消失的帽翅部分全部挪到高翘得有些夸张的翅尾上了。

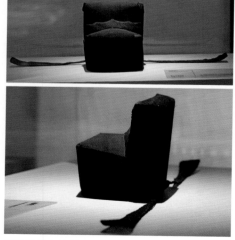

明早期的展脚幞头
谷大建摄

明后期的展脚幞头

（二）圆领袍

　　圆领袍以颜色和花样区分着装者的身份。一品至四品用绯红，五品至七品用青色，八品、九品用绿色。为了更加细致地区分官员地位，朝廷又将不同尺寸的独科花、散答花、小杂花等与品阶一一对应。

　　既然要用花纹体现品阶，为何男主人的圆领袍上没有装饰花纹？原来是朝廷以织买花样困难为由允许官员便宜行事，使用无花纹的纱罗绢，也不管法规前后部分是否发生冲突。如此一来，饰花纹的圆领袍很快湮没在历史中，仅剩下素地圆领袍一枝独秀了。

明末的官员公服
谷大建摄

圆领袍形制示意图

（三）革带

　　公服革带亦可称偏带，其历史可追溯至南北朝。它的样式与当代皮带相仿，但与稍后出现的双铊尾革带大相径庭。穿戴时，需将缀有排方的长带鞓用带扣固定好，然后沿顺时针方向缠绕，最后将铊尾插至左腰后侧。为了让铊尾能下垂至适当的位置，人们又增加了一截可以调节带长的短带。

穿戴在身后的排方和下垂至膝的铊尾
宋，佚名绘宋高宗容像局部

　　到了明代，偏带被改造成虚束在腰腹间的礼器。它不再采用两段带鞓的结构，而是在带鞓内侧增加副带，用来调节带鞓围长。不过任凭如何变化，都无法改变它渐渐被双铊尾革带取代的事实。于是我们不得不承认，这种古老的礼器已告别最后的辉煌，准备孤独地谢幕了。

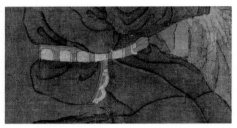

后面缀带鞓
五代十国（南唐），周文矩绘《文苑图卷》局部

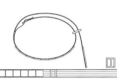

公服革带形制示意图
作者根据北京市文物局图书资料中心编纂《明宫冠服仪仗图》《明定陵考古发掘报告》等推测绘制

男主人的公服
衬摆与常服一样

二、公服的蜕变

传统的公服又名从省服，本是朝服的简化。两者相异之处在于公服省去了白纱中单、蔽膝、剑、绶等配饰。

到了宋代，朝廷对服制改革，使得公服与常服合二为一。明朝建立之后，朝廷萧规曹随，令公服的样式和适用场合沿袭宋制。然而这个设定并不完美，大家很快发现了漏洞：礼仪场合与日常办公混用同一款服饰有违礼制。于是，朝廷回归到唐代制度上，将公服和常服再度分开：常服应对日常事务，样式模仿唐制，连细长而向下弯曲的幞头脚也学了个七七八八；公服则蜕变为规格低于朝服的礼服，以宋代极具特色的展脚幞头和前者区别。

场景二十五
帝都的正旦一景

熬过大朝会，男主人上了暖轿，返回私宅。行至大街，他听到一阵喧嚣，于是悄悄掀开暖帘看个究竟。原来是外出拜年、游玩的普通百姓，他们遇到亲戚长辈便停下来磕头，相互恭贺新禧。行至一处豪宅，男主人看到一位贵妇，她满头珠翠，一身锦绣，着装风格与旁人极不相同。遣小厮打听，才知道她是宫里某位妃嫔的母亲，一身装扮皆来自宫中赏赐。

着宫廷风格服饰的贵妇

撷芳主人绘

🌀 一、民间正旦节物

（一）"闹嚷嚷"

与脸上真挚的笑容相呼应的是人们头上的"闹嚷嚷"。"闹嚷嚷"是被冠以"闹"字的飞蛾，可大如手掌，亦可小如铜钱。它的制作过程并不复杂。先将乌金纸剪出蝴蝶的轮廓，再用色彩点染翅膀、触须，最后系在簪钗之上。插戴几支全凭个人喜好，可以一枝独秀，亦可不计较花费插满发髻。

定是有人觉得只有飞蛾太单调，"闹嚷嚷"的队伍中又增加了蝴蝶和蚱蜢，更添繁荣景象。你看那位家境颇为殷实的妇人，她身穿大红锦绣袍，头戴金梁冠，冠正中倒插一支蝴蝶样的"闹嚷嚷"分心，分心上镶嵌几粒红蓝色鸦鹘和十几粒珍珠，格外富丽奢华。

倒插在金梁冠上的"闹嚷嚷"
佚名绘明代妇人容像局部

（二）正旦节物的设计思路

作为正旦的节物，"闹嚷嚷"蕴含的意趣与其他节物多有不同。它不屑于还原一幕古老的传说，而是直奔主题，赐予节物以正旦的喧哗。仅是念出"闹嚷嚷"这个名字，就能感受到从中迸发出的纷繁热闹。

通过一件小小的首饰，我们触摸到古人心中理想世界的模样，它由声音和颜色堆叠而成。在那里，人们对嘈杂声响的期待超过了缤纷的色彩。如果只有"色"而无"声"，再斑斓的世界也会落寞，令人向往的繁华也就不复存在了。

女主人的金镶宝石闹装也采用了相同的设计思路。黄金的璀璨、珠宝的斑斓，两者交融的刹那竟在眼前"砰"的一声炸开，如点燃了记忆中所有辞岁的爆竹。

二、宫廷的正旦应景服饰

（一）宫样头面

至少从正德年间开始，宫廷和民间的服饰风格就泾渭分明。步入万历年间，民间青睐扭心鬏髻，宫眷仍然戴着状若金字塔的鬏髻，使得二元化的着装格局继续延续下去。

贵妇的鬏髻高 15 余厘米，底部口径为 13 厘米。它以棕丝编成，表里各附一两层黑纱。千万不要因鬏髻的材质而对它心生轻蔑，镶嵌珠玉宝石的各式簪钗才是世人的关注焦点。

明中期宫眷的鬏髻和头面
明，佚名绘《明宪宗四季玩赏图》局部
松松发文物资料君摄

鬏髻顶端自上而下插一支通长约 24 厘米的金镶珠宝蝶恋花挑心，也可装饰一支金镶珠宝龙戏珠挑心。这是除鬏髻样式之外，宫廷与民间头面另一处容易寻出的差异。

鬏髻正中是一支水滴状分心，分心簪首宽 9 厘米，长约 10 厘米。它以一圈宝石捧出一只玉壶春瓶，瓶中插的竹叶、茶花在童子的打理下生机勃勃。

金镶宝玉蝶恋花挑心
出自北京市昌平区十三陵特区办事处编《定陵出土文物图典》

金镶珠宝龙戏珠挑心簪首
出自北京市昌平区十三陵特区办事处编《定陵出土文物图典》

李伟墓出土的分心
线图出自《北京市郊明武清侯李伟夫妇墓清理简报》

　　分心上方插一支体型略小的金镶宝玉蜂赶花钗，钗首长6厘米，宽5厘米；分心下方饰一溜五支镶嵌宝石的白玉佛字簪。䯼髻底部本该插戴一支钿儿，此处却被白玉佛字簪占据。发髻底部再围一条珠翠围髻，装饰方式倒是和民间时尚如出一辙。

金镶宝玉蜂赶花钗

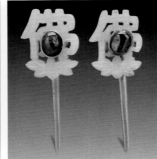

白玉佛字簪

珠翠围髻

　　䯼髻两侧不插掩鬓，取而代之的是好几对鬓钗。鬓钗长约16厘米，钗首宽3厘米上下，依次从鬓边向耳后插戴。在不使用掩鬓的情况下，几对鬓钗足以令这个区域熠熠生辉。如果仍觉得额角有些空荡荡，还可如民间妇女那般用一两对小簪点缀。

金镶宝玉蝶恋花鬓钗

金镶宝鸾凤鬓钗

相同题材的鬓钗可以插戴两三对

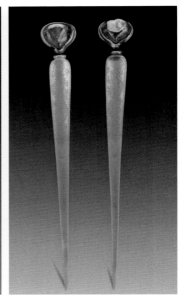

装点额角的金镶宝桃簪一对

※ 本页面图片均出自北京市昌平区十三陵特区办事处编《定陵出土文物图典》

　　此时的宫样头面并无满冠，为了填补髢髻两侧及后方的空档，宫眷们会在这个区域错落有致地插上两对簪子。稍大的一对自下往上插戴，其簪首长 9 厘米有余，宽 7 厘米，簪首仍以在花间翩跹的蝶鸟为饰。自上往下插戴的一对簪子因髢髻的外形而体型略小，但工匠不吝惜珠宝，装饰得异常华美。

　　宫样头面的最大特色在于风格统一，主题鲜明。倘若真如民间那般自由选取题材，挤满髢髻的三十余件大小簪钗只会令人头晕目眩吧。

  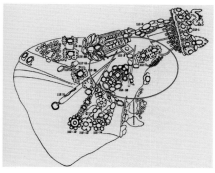

两对金镶宝蝶恋花簪
从簪脚判断，左边的一对自下往上插戴，
右边的一对自上往下插戴

略大的一对簪戴方式参考圆框中下方的簪子，
略小的一对参考圆框上方的簪子
线图出自王秀玲著论文《定陵出土帝后服饰》

★说明：定陵出土的几支大型簪钗和北京西郊董四村明墓、万历时期武清侯李伟妻子墓的出土文物极为相似，故在此采用以上墓葬的出土文物描述宫样首饰。

（二）袄衫的样式

　　贵妇的竖领对襟袄长约 70 厘米，袖口宽 15 厘米，袖根宽度不到 40 厘米。相较民间或颀长或褒博的衣裙轮廓，宫眷的袄衫显得短小。如果足够仔细，便能发现它的风格并没有显著改变，是正德年间宫廷服饰风格的延续。

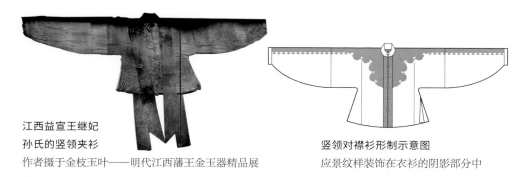

**江西益宣王继妃
孙氏的竖领夹衫**
作者摄于金枝玉叶——明代江西藩王金玉器精品展

竖领对襟衫形制示意图
应景纹样装饰在衣衫的阴影部分中

（三）葫芦景补子和蟒衣

同一时期至少存在三种大相径庭的着装风格在我们看来多少有点怪异，对当时的民间百姓来说却是福音。她们完全可以利用从宫里流出的应景纹样，将自己打扮得更别致。

不妨以葫芦景为例，感受宫廷服饰对民间吉服的影响。葫芦景是腊月二十四日到元宵节之间的应景纹样，可以单独使用，也可以作为龙、凤、蟒等代表皇室勋贵身份的主题纹样的陪衬，营造出高贵华丽的感觉。从出土文物来看，葫芦景并不局限于装饰吉服的补子或者云肩，装点裙子的膝襕和裙拖，用织金等工艺织出一身的葫芦纹。倘若还不满足，不妨以各式葫芦纹为底纹，组合补子或者云肩通袖膝襕，将富贵奢华推向极致。

明代织金缠枝葫芦纹经皮

似被拆成经皮的葫芦景膝襕裙
裙子的地纹也是葫芦纹，式样和
前面的织金葫芦纹经皮相似

一件鸾凤穿花葫芦景补子

一对装饰在对襟衣（罩甲、袄衫均可）
胸前的葫芦景补子

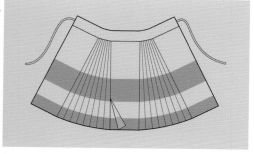

膝襕裙形制示意图
应景纹样装饰在阴影部分中

第十章

时尚流行
服饰

场景二十六 文人雅集

　　三月的某一天，男主人的西席李秀才参加了一次雅集，其间，他结识了一位很有个性的青年，两人相谈甚欢。这位青年姓宋，是苏州籍举人。之所以令人印象深刻，不仅在于他的谈吐和学识，还在于他的妆容。他用大红丝绳束发，头戴缝缀着玉花瓶的唐巾，用珍珠粉敷面，黛石描眉，胭脂涂唇。入座后，一条大红织金宽襕襁子从色衣下钻了出来。学子们全部目瞪口呆：原以为穿紫色深衣、大红云履已经够出格了，没想到宋举人更加标新立异，真不愧是苏州文人！

❧ 一、时尚之都和传播路径

　　在深入了解明代时尚之前，需要先弄清楚这样一个问题：地域差异如此之大，为何一定要以苏州时尚为例？难道不怕有失偏颇吗？

　　一本叫《沈氏日旦》（明，沈长卿撰）的书总结过当时的时尚，称苏州人是时尚流行的"始作俑者"，杭州人紧随其后，然后才扩散到福建、广州以及贵州、四川等地。南京人也不迟钝，在消化了最新潮流后，利用自己的影响力引领山东、河北、山西、陕西等省。

苏州宋举人的时尚装束：穿女装，簪花，化妆

苏州之所以成为时尚领袖，宋举人道出原因："苏州服饰奢美奇巧，令四方心驰神往。哪怕是见多识广的杭州人也自叹弗如。是以谈'时世妆'，不能忽略苏样。"力挺杭州时尚的女主人知道后面带尴尬。她极力解释："并非有意忽略苏样，而是我家与杭州有不解之缘。杭州是国内丝绸贸易中心，北方大贾均南下采购，我家亦如此。四季衣裳及用于馈赠他人的布匹全在杭州织造，效仿杭州时世妆顺理成章。"

更重要的是，古代时尚的更替不如当代这般迅速，十年之内无大的变化也很正常。在这种情况下，就算不效仿苏州人，装扮也不会过时。

二、最叛逆的时尚，男穿女装

宋举人的色衣到底是什么稀罕物，令北方读书人感到震惊？其实也不算稀罕，就是衣衫颜色艳丽了些，纹样华丽繁复了些。现代人半信半疑：如果只是穿得很艳丽，北方的读书人怎么会半晌都说不出话？

假如我们某天睁开眼，看到男人每天花很长时间浓妆艳抹，消费对象从电子产品变成了化妆品，我们的反应恐怕会和古人一样激烈。在明代，秾丽的色彩是女装的代名词，很少有人会不以为意。在面对男性穿女装时，长辈和自诩爷们儿的男性亲朋会摆出恨铁不成钢的表情，谴责对方伤风败俗。

宋举人的处境只会更艰难，他将面临更加严厉的道德谴责——服妖。何为服妖？男着女装、女着男服等颠倒阴阳的着装方式，奇装异服，僭越都算服妖。无论哪种情形，均被认为是不祥之兆，轻则家破人亡，重则祸国殃民。这就不难理解为何《沈氏日旦》用贬义词"始作俑者"对时尚加以形容，在部分文人看来，时尚着实不是什么好事。

穿银红色道袍的士人
明，陈昌锡著《湖山胜概》局部

三、大明衣冠的功用

在明太祖朱元璋眼中，理想世界必须是井然有序的，所有的一切，就连服饰也要遵守"明尊卑""辨民族"的规则。服饰尤其是纳入《舆服志》的服饰是礼制的一部分，是重构华夏传统的重要拼图，是朱元璋彰显明朝统治的正统性与合法性的手段。在完善代表各阶层社会地位的服饰的过程中，他颁布一系列规定和禁令强化自己的权威，并通过服饰这个穿在身上的景观让臣民一眼看到。

至于贯穿整个明朝历史的贴里，虽然由蒙古人带来，但它只是便服，与政治身份无关，更无法昭示新政治秩序的来临，再怎么流行也无伤大雅，因此就没有必要"封杀"了。

（一）明尊卑

如何用服饰"明尊卑"呢？最重要的是将服饰与社会地位、职业挂钩，使人们通过视觉对等级秩序有直观的认识。若为帝王，穿衮冕、皮弁；朝臣则有祭服、朝服、公服与之对应；若为皇后，穿翟衣，其余内外命妇则有大袖衫与之对应；若只做个小吏，则有吏巾、青圆领；儒生的礼衣与吏员有所重叠，有儒巾、襕衫、青圆领；若只是个庶民，则只能戴小帽了。另外，还有僧、道、乐等三教九流，他们的职业装又与其余阶层有所不同。

我们可以先将《舆服志》中烦琐的细则放在一边，着重了解它的核心：不同的社会阶层匹配何种规格的礼乐。士庶没有参与祭祀等国家大事的资格，不配代天牧民，因此没有资格穿祭服、朝服、公服、常服，没有资格使用黄、紫、大红、鸦青等颜色。

（二）辨民族

明成化、弘治年间，北方各省汉人在京城时尚的影响下流行戴狐帽、昭君帽。京城官员们看到后仿佛被拂了逆鳞，纷纷上书要求皇帝颁布"禁胡令"。无独有偶，宋朝也曾禁过胡服，契丹人的毡笠、吊敦成了朝廷的重点打击对象。

在现代，穿什么衣服不过是件鸡毛蒜皮的小事，但在古代，稍有不慎都有可能遭遇灭顶之灾。我们不禁问，狐帽、昭君帽等皮帽到底犯了什么忌讳？明初颁布的"复衣冠如唐制"的诏令给出了理由："不得服两截胡衣。其辫发、椎髻、胡服、胡语、胡姓一切禁止。"这纸诏令是儒家传统"严夷夏之防"在服饰上的体现。当胡俗渗透到社会的每个角落之时，朝廷需要高调推行传统，努力剔除外来元素，增强政权的正统性。

这样就可以解释为何只有王昭君和蔡文姬可以毫无顾忌地穿戴皮制品。在无人知晓她们真实容颜的时代，唯有可分辨民族的皮制品能准确点出人物身份和故事主题。看到这里，或许你会好奇何种首服才算华夏传统。古画给出了答案：自然是风帽和幅巾了。

穿皮衣、戴昭君套的明妃，头戴毡笠的胡人使者，
头戴幅巾的送嫁汉臣
佚名绘《明妃出塞图》局部

（三）知贵贱

不能穿代表帝王、官员的高规格礼服尚能理解，但不许穿大红、紫、鸦青等颜色究竟是为什么？在古代，染制深色布匹不像现在是一蹴而就的，必须多次重复工序才能达到预期的效果。这种因技术而产生的高耗费意味着价格昂贵，再叠加其他因素，便衍生出社会阶级层面的"贵"与"贱"。因此，特殊化深色，其实是通过服饰来强化等级秩序。

然而，工艺革新始终存在。随着染色技术的进步，原本昂贵的深色变得亲民，明初建立的社会秩序面临挑战。人们遵守某个时间段确立的礼制，终归只是对朝廷的一时妥协。

四、时尚，士庶交锋的新战场

（一）富商的马尾裙

在旧的社会秩序频频受到挑战之时，一条名为"马尾裙"的衬裙意外引发了关注。它来自藩属国朝鲜，在成化年间风靡一时。虽然朝廷并未针对马尾裙征收消费税，但进口所需的运费和有限的产量抬高了裙子的价格，令它的消费对象十分有限。

令人遗憾的是，这样有趣的裙子很快在京城销声匿迹。我们再次表达困惑：马尾裙又犯什么禁忌啦？有人道出了原因："无贵无贱，服者日盛。""贵"指勋贵、官员，"贱"指富商和暴发户子弟。在明代人看来，斗大的字不识一箩筐的暴发户有什么资格和勋贵高官穿一样的衣服，这不是扰乱社会秩序嘛。

衬有马尾裙的衣撒和马面裙
松松发文物资料君摄

此时的富商还不敢和士大夫平起平坐。他们穿马尾裙的主要动机在于炫耀，虽然马尾裙在我们眼里有些古怪，但成化年间的人觉得它美。它美在能将衣裙的下摆撑起来，让着装者更加庄重雍容；美在价格昂贵，能证明着装者拥有令人艳羡的财富。

早在正统时期，人们就可以通过捐纳取得监生、贡生的身份。到了成化年间，又能通过捐纳取得从九品至正七品的官职。这意味着财富不仅能够提升社会阶层，而且能在通过服饰区分身份高低的社会博得尊崇。这些现象令文人感到了威胁，他们使出常规手段，动用政治优势阻止富商通过服饰实现阶层跃升。

戴方巾的士人
明，周臣绘《香山九老图》局部

（二）方巾，士庶交锋的战场

正德中期的某一天，一位埋头苦读的学子突然发现京都士人纷纷抛弃小帽，戴上了方巾。他一时无法接受，遂向亲友抱怨："士人突然集体换上方巾已经够诡异了，不知轻重的商贩竟然也敢跟风。"

在《舆服志》里，方巾本不用来划分社会阶层，它蕴含"四方平静"的美好寓意，是士庶皆可的首服。然而，正是制度上的"士庶皆可"，让方巾成为士庶交锋的导火索。

在实际生活中，士人着装和广大庶民泾渭分明。庶民不敢僭越戴方巾，但士人能和庶民一样戴小帽，这就是所谓的"上得兼下，下不得僭上"。士人主动选择造成的士庶不分在淳朴的年代压根不是事儿，但在崇尚奢侈的明中期，问题可就大了。因为庶民戴方巾是僭越，是对士人的地位发起挑战。士人通过首服进行反击，方巾很快成为新战场。然而富商们也不甘落后，他们连帝王、勋贵、官员所用的纹样、颜色、珠宝都敢尝试，还会被一顶方巾难倒？很快，商人们亦戴起了方巾。士人好不容易建立的优越感瞬间崩塌，但他们不会缴械投降，创造新的时尚潮流于他们来说可不是什么难事儿。

还记得前文宋举人的装扮吗？从表面上看，复古的唐巾、浅红道袍、大红织金宽襕旋子、花翠、浓妆艳抹皆是堕落的象征，但实际上是士人捍卫社会地位的利器。

（三）复古，时尚潮流的设计思路

不单现代时尚界，古人也经常采用复古的设计理念。他们的"古"和我们的一样，更多是根据当下审美改造和包装的传统题材，有的甚至是臆造出的新奇样式。比如冠以汉、晋、唐、诸葛、东坡、纯阳等名的头巾，流行过的小深衣、阳明衣、十八学士衣等，均是遵循复古理念设计出的新时装。

复古很难，它要求既要潜心研究过去，保证创新的源泉永不枯竭，又需立足现实，在现有程式的约束下登上更高的高度，甚至利用旧元素去突破、颠覆旧时观念。然而士人做到了，令人不得不佩服他们卓越的创造力。

让我们回到士庶之争的问题上。士人的反击成功了吗？那还用说。面对眼花缭乱的冠巾，富商们纷纷表示过于阳春白雪，还是可以标榜身份的方巾更接地气。

复古的诸葛巾
明，叶时芳绘《陆树声 北禅二人小像图轴》局部
核桃蛋摄

（四）大明的时尚教父

1. 老干部的时尚硬照

一位叫陆树声的名士为了纪念人生中最光辉的履历，曾在 82 岁的时候留下一套小像，其中最吸引人的，不是象征威权的五梁冠和朝服，而是一件精致的藕荷色道服。

藕荷色是略带粉红的浅紫色，非常浪漫梦幻，但它不易驾驭，当代年轻女性都不敢轻易尝试。然而，这样一个皮肤并不白皙的老人大胆尝试，在藕荷色底下搭了一抹油绿和大红。

三种颜色就这样撞击在一起，竟也十分和谐。无须对陆树声赞不绝口，保持旺盛的好奇心，拒绝落后于潮流，是那个时代文人的共识。

在这里，我们必须摒弃所有的刻板印象，明白年龄并非是恣意张扬的阻碍。因为明代真正的时尚教父，恰恰是一群在现代被时尚边缘化的老人。

2. 时尚教父的成名绝技

衣着艳丽考究的张居正堪称时尚界的传奇。哪怕他年过五十，胭脂、口脂、香粉样样不落，下班后还要补个妆。再对比如今穿着跨栏背心、拖鞋的老大爷，我们忍不住感叹：明代人也太时尚了吧！

张居正并非特立独行，很多士大夫都把自己装扮得很精致。协理都察院的许弘

穿藕荷色道服的陆树声
明万历十九年（1591）沈俊绘
《陆文定公像册》局部

纲，年过五十还把自己弄得香气扑鼻，压根不需要属吏或者小厮拖着腔通报，甚至不用耗费眼神寻觅，光凭嗅觉就能感受到他的存在。南京兵部主事金汝嘉在用香上应该和许弘纲很有共同语言，他斥巨资购买各式熏香，打造薰笼，生生把自己变成了行走的扩香器。

右都御史沈思孝的必杀技是不离手的澡豆。他每天坚持清洁手部和脸部十几次，在讲究洁净这点上，无人能与之匹敌。工部尚书刘东星靠出怪招杀出重围。他反时令而行，夏穿纻丝、冬穿纱，简直和现在的夏穿毛衣、冬穿吊带短裤一般出格。还有北京光禄寺少卿冯渠为了惊世骇俗，竟将主意打到代表朝廷颜面的常服上。他故意取下革带上的几枚带銙，在同僚的惊叹声中获得莫大的心理满足。

3. 文人的影响力

由文人引领的时尚，没有一个不受整个社会的热烈追捧，这种号召力恐怕连国际大牌都会羡慕吧。

文人喜秾丽，替男主人盖花园的工匠也要跟风买鹅黄、紫色袄衫，根本不管是否和黝黑的皮肤搭配。文人注重修饰仪容，男主人的书童也学着化妆、使用香料，末了还不忘搗鼓一

个蓬松的发型，增添风情。

文人尚奢，市井男女不惜花费一年的积蓄也要置办绫罗绸缎等昂贵的面料。哪怕家里穷得揭不开锅，在得了资助后也要用超过一半的救命钱买衣裙，家人非但没有嗔怪其胡乱挥霍，反而觉得这钱花得很值。

文人戴方巾，穿道袍，街边拿一两银子做本钱的小贩也要赶个时髦，买件青布棉道袍穿穿，更不用提资金雄厚的商人仗着钱财戴方巾了。

就算文人一时落魄只能穿紫花布，早已过时的紫花布也能成为连贩夫走卒都抢购的爆款，连带着价格都翻了好几倍。更不用提那些以士大夫命名的服饰和周边物件，譬如眉公巾、眉公糕、眉公椅、眉公夜壶等。

我们恍然大悟：士大夫涉猎时尚的最终目的并非特立独行，而是通过引领时尚让人感受自己的影响力，展现自己的权威。宋举人深谙这一道理，他微微一笑：暴发户想依仗钱财和我们斗？太天真了吧。

场景二十七 旅游，重塑自信的时尚消遣

辞别宋举人，李秀才一改往日的泰然自若，火急火燎地回到宅院，衣巾也不换就取出一本叫《湖山胜概》的小册子开始"卧游"。"卧游"是指欣赏山水画或者阅读游记，与实地游览的区别大概只差亲自用双脚丈量山水。难道在想象中游览山水也会在乎装束吗？的确如此。来看看李秀才准备的一份卧游清单：

（1）衣冠：竹冠、唐巾、汉巾、披云巾、斗笠、道服、文履、云舄。

（2）配饰：道扇、拂尘、竹杖、葫芦、五岳图。

（3）茶具、酒具：瘿杯、瘿瓢、酒樽、葫芦。

（4）文娱用品：棋篮、诗筒葵笺、叶笺、韵牌、围棋、琴、鱼竿。

（5）家具：叠桌、坐毡。

（6）盛物品的器具：衣匣、备具匣、药篮。

与现代人的自驾游不同，士人的旅游是一场精神淬炼，探寻的是超然闲淡的隐逸气象。为了迎合这种需求，户外运动服装也须承载高雅的意趣，衣撒、罩甲、大帽、眼纱等骑装虽然很方便，但着实煞风景。那么游具又在这场精神淬炼中起了什么作用呢？不如以李秀才赏玩的"云居松雪""通玄避暑"为例，仔细品味文人的意趣。

出游时携带的提匣、茶具、书画、仙鹤
明，谢环绘《香山九老图》局部

垂钓用的鱼竿
明，仇英绘《独乐园图卷》局部

☁ 一、云居松雪

"云居松雪"是云居庵的景致，以苍松而闻名，属隆冬时节不可错过的美景。

这天雪霁初晴，被白雪盖得严严实实的山径上很久都等不到一串足迹。李秀才推开庵门，一横松枝不堪重负，将积雪抖落到他的肩头。他拂去披云巾上的残雪，戴上斗笠，骑上童子牵出的小黑驴。他要策蹇寻梅，到三茅山顶上望江天雪霁。

三茅山的雪景有多美呢？重重山壑银装素裹，湖面上飘着漠漠寒烟，看不见飞鸟振翅，也无人影踪迹。在一片寒冷寂静中，李秀才仿佛被一分为二。一半穿着茶褐色道服，披一件大红绒褐禅衣，倚着几树梅花扫雪烹茶。另一半头戴斗笠、幅巾，披大红毡衫，手执孝竹制成的钓竿，正驾一叶蚱蜢舟于江中垂钓，凛然不可侵犯。

独坐孤舟赏雪的文人
明，蓝瑛绘《溪山雪霁图》局部

（一）披云巾

坐拥巨额财富的文人自不必说，出身贫寒的文人也可以慢慢积累声望，通过售卖书画等艺术品获取不菲的报酬。不论采用哪种方式，购买诸如暖帽、暖耳、风领、貂鼠禅衣等皮裘对他们来讲并非负担。之所以不用，只因皮制品沾染了令人鄙薄的暴发户气息。

戴披云巾、束偃月冠的文人
作者根据明代戴高濂撰《遵生八笺》的文字记录和容像推测绘制

　　倘若被俗气熏染，岂不唐突了山林中的高士、名姝？是的，文人视花木为可结交的良友或美人，宁可无言等待，也绝不做出如暴发户般煞风景的举动。披云巾的气质很契合高雅的氛围，最终得以入选文人游具。它以黑缎或黑毡制成，顶部较幅巾稍方，披幅垂于肩部，可絮棉或衬毡，能抵御严寒的侵蚀。

（二）服饰，精神世界的奠基者

　　赏个雪景都要在吃、穿、出行上搞标准，是否附庸风雅过头了？吟吟诗，弹弹琴，喝喝茶就够了嘛。这是用惯了外形粗陋、没有多少美感的工业产品的人才会产生的错觉。因为很多人早已忘记，真正值得称道的精神世界建立在精致的物质上。而物质，又由空间规划、器具陈设、景物、装饰以及食品等好几项构成。

　　不是所有的物都有资格进入文人的精神世界，它们必须通过一整套有关"雅"和"俗"的鉴赏标准的检视，才能最终融入与主人息息相关的生活中。经过严苛的遴选和重塑，绮丽的精神小世界终于被斧凿出来。无须太多的言语，只需调动感官去观看，去聆听，去细嗅，去品味，通过冠、巾、履、道服、杖甚至交通工具的材质、样式、尺寸、颜色乃至用途等种种细节去感受，就能攫取到经过反复磨砺才能生出的细腻情感。

　　无论是铺在野径上的白雪，还是一顶絮棉托毡的披云巾，又或是一剪红梅，这些被众凡愚视为"多余"的物品，都因是文人情趣的具象化表达而被精细安排。倘若失去了这些寄情的载体，文人的高雅会顷刻坍塌。

（三）游具，雅与俗的楚河汉界

　　在文人的精神世界中，我们捕捉到频频出现的对立——以文人意趣为代表的"雅"和以市井审美为代表的"俗"。这是继色衣之后，文人对富商设置的另外一道屏障。他们通过不断精致化和特殊化的生活方式来重新定义自己。不论是形似农具、以竹丝和檞叶编成的叶笠，还是絮棉的披云巾及黑色毛驴，林林总总看起来稀松平常，却铸成了独属于文人的"雅"，与市井庶民狂热追求的奢丽泾渭分明。

　　无须苛责商人们不能理解附着在大红

携带坐毡、古琴的文人
文人戴幅巾，穿深衣、长裙，气质娴雅
清，王翚绘《麓村高逸图》局部

禅衣上的情趣，他们长期被排除在雅事之外，并无多少鉴赏能力，更无法体会垂钓者的红衣恰似翩翩起舞的火焰，刹那鲜活了李秀才孤寂的内心。而垂钓者的心中也有个负手而立的雅士，所穿衣衫萦绕着混合了茶香的蜡梅香气。只有受过教育的人在嗅到这种香味后，才能与绝不妥协的清高孤傲产生共鸣。这种依靠精神寄托传递的力量，大概只有相同或者近似背景的人才能理解吧。

文人出游时常携带的笠子

明万历十九年（1591），沈俊绘《陆文定公像册》局部

坐禅时穿的大红禅衣

明，丁云鹏绘《达摩祖师图轴》局部

二、通玄避暑

仲夏的吴山比隆冬时分更有人气，通玄观、青衣洞、太虚楼皆是为文人津津乐道的好景致。李秀才在晨光熹微之时来到山脚下，扶着竹杖沿路欣赏山中的野花幽鸟，颇得意趣。偶尔有一两位头戴唐巾的簪花青年，穿着荔枝红道袍，慢条斯理地走过。

不知过了多久，他来到三茅观背后的青衣洞，正想取出小巧的瘿瓢舀水喝，却不想和宋举人不期而遇。宋举人穿一件镶缁色边的茶褐色银条纱道服，内衬牙色汗褂，惬意地摇着由竹篾编成、装饰着紫檀柄的道扇。

手拿道扇的文人

明万历时期陈昌锡著《湖山胜概》之"通玄避暑"局部

（一）文人的束发冠

　　两人头上各有一件有趣的饰物，那便是束发冠。它罩在发髻上，半隐在乌纱幅巾之下，散发出难以掩饰的儒雅和雍容。

　　在文人看来，山人的束发冠浸润着风雅的意趣。它的样式极为简洁，只取偃月和高士两样，以竹箨、紫檀、黄杨等材料制成。既不像戏曲道具中的累丝束发冠，冠顶插雉羽，两侧盘绕蟒龙，中间还要挑出一朵红缨；也不像王公勋贵那般极尽奢华，非要在黄金制成的冠体上镶嵌珠宝。

戴金累丝束发冠的太监
明，佚名绘《出警图》局部

戴在头巾下的高士冠
佚名绘处士像

（二）云舄

　　竹杖上挂有一幅五岳真形图，取"一切魑魅魍魉皆退散"之意，和我们在车上悬挂"出入平安"的吊坠有异曲同工之妙。

　　竹杖如此讲究，这鞋也不能随便。穿皂靴登山？皂靴多俗啊，得穿云舄。云舄舄首饰云头，可用白青两色布料制作，也可用蓑草或棕榈丝编织。李秀才更偏好蓑草编的，在他看来，手扶竹杖、穿着形似芒鞋的云舄，很有"一蓑烟雨任平生"的乐观豁达。

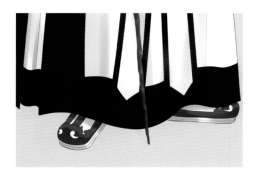

以青、白两色布料制成的云舄

（三）道服

　　道服是文人专用于旅行的装束，它的样式酷似道袍，唯领、褾（袖口）、襟、裾等处装饰石青色或黑色的缘边。为了凸显高雅，道服拒绝艳丽的色彩，只取白色、月白、翠蓝、天蓝、牙色、松花色、绛色、羊绒色等几种。不过在文人心中，最经典的颜色仍然是白色。

道服形制示意图（正面）

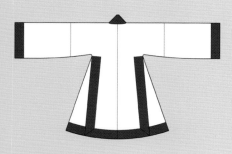

道服形制示意图（背面）

文人游览名山大川时的装束

场景二十八　赏时尚女性的肖像画

　　手谈几局后，众人相约到城隍庙背后的太虚楼上赏月。宋举人来了兴致，拈起笔在新买的川扇上题诗两首，赠送给李秀才。相伴出游的名姬顾九也想讨一首诗，遂从袖中取出一把湘妃竹泥金面扇儿。

　　隔了几日，宋举人邀李秀才赏画。画中的顾九洗尽铅华，仅用一对"一点油"和梅花簪绾髻，髻前插一把玉梳背，耳上是一对米粒大的金丁香，与现实中的妆容迥异，李秀才十分诧异。顾九那日身穿玄色泥金眉子对襟罗衫，用银红销金点翠手帕搭着头，正面簪一支翠云钿儿，两侧插了几对金镶宝玉俏簪，鬓边贴着飞金，宝钗半卸，鬓后又插一对花翠，耳边戴着宝石坠子，装扮得很是精致。

　　宋举人也注意到"错误"。沉吟半晌后他题诗一首，称赞画中顾九眉如春山，体态婀娜妩媚。

　　宋举人的赞美显然源于对画师的认同，若没有画师挖掘出顾九隐藏在胭脂下不为人知的风韵，他还会写下"画中犹胜梦中看"吗？

顾九的真实装扮

钱画师笔下的顾九

一、文人眼中的时尚女性装扮

（一）飞金

流传已久的首饰背后往往有着动人的传说。飞金依靠人们对美人的憧憬将自己升华，最终也有了诗意。

它第一次大放光彩是在北魏。高阳王元雍有位宠姬叫艳姿，极爱在双鬓上贴金箔制成的各式花片。衬着装饰了花片的乌发，艳姿的容颜在阳光和烛火中更显瑰丽。时光流转至唐代，"飞黄鬓"不仅没有过时，受欢迎程度反而因诗词魅力更胜往昔。就连易脱落的瑕疵，也被诗人描述为春天的落英了。

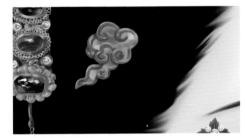

到了明代，鬓上贴金箔的化妆方式渐渐被抛诸脑后。不能说长在市井的女子文学素养低，欣赏不了唐诗的美，只是金箔容易脱落，一次性使用耗费太多。这使得缀有珠宝的头箍和簪钗代替飞金绽放光华，装饰女性的额头和两鬓。

鬓上贴的祥云状飞金

（二）玉梳侧畔绽梅花

顾九那精致的妆容无疑很对有钱人的胃口。可在宋举人和画师的眼中，却流于世俗，远远达不到穷精极巧。他们认为盛装是枷锁，锁住了女子的风情。甚至小如飞金，也会分散欣赏青丝云鬓的目光。为了避免这种愚蠢的错误，发髻上疏疏散散饰一玉、一金、一翠、一珠就够了。

顾九头上的玉是一把梳脊饰玉的木梳。木梳用黄杨木制成，长9厘米，梳脊上并不依着潮流包金，再镶嵌珠宝，而是用细金属丝拴着状若新月的白玉竹节。白玉温润，黄杨木古朴，低调得恰到好处。

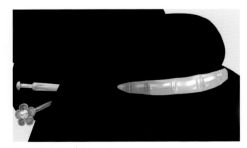

宋举人和钱画师二人眼中的"金"和"翠"又指什么呢？自然是一两支精致的簪钗了。若想达到精致的标准，需格外重视装饰题材的选取。画师尤爱梅花，便在玉梳背的右侧添了一支梅花簪。它以珍珠为花蕊，花瓣上饰翠羽，很容易令人联想到绿萼横卧东风中的风姿。

玉梳背和梅花簪

（三）美人耳畔金丁香

这一"金"还可以是一对乖巧地待在耳垂上的金丁香。金丁香亦走简约路线，于金丝弯脚下接一状若钉头的半球，像极了含苞待放的丁香花。也可稍做修饰，将钉头开成梅花，花蕊处嵌一粒珍珠。通过简单的装饰，顾九的金丁香尺寸有所增加，但仍不失轻巧玲珑。

金丁香和垂在脑后的雁尾

金丁香虽小，却不是蓬门荜户可以拥有的。它的奢华并不在于耳饰本身，而在于搭配的衣饰。回忆一下画中顾九的衣衫：身上着丁香色对襟罗衫，衫上饰一溜五枚白玉纽扣，衣襟饰泥银眉子，纤纤手指上戴一枚白玉马镫戒指，手执湘妃竹泥金面扇儿。可见佩戴金丁香时，从头到脚都要精雅，否则便是流于庸俗了。日子过得紧巴巴的女性也爱丁香，即便材质只用得起铜和锡。

（四）女性时尚，并不全由女性自己说了算

在当代，很多地方每年都会举行选美活动。古代文人也会参与选美，甚至总结出颇具格调的标准和鉴赏指南，涉及服饰妆容、面容体态、技艺、居所、房中陈设等方面，总共不下数十个细节。

美人必须拥有深厚的文学修养，因为有文化的女性周身萦绕着浓浓的儒风。因此顾九们博览群书，苦练书画；有时还要披幅巾，穿深衣道服，束一腰长裙，执一柄拂尘，装成有林下之风的谢道韫。而文人也乐此不疲，他们需要用脱俗的美人证明自己比别人更风流。

就这样，征服与被征服的戏码重复上演着。似曾相识的每一帧场景都浸淫着文人的意趣，所有为文人感官服务的器具，甚至名姬都严格按文人的审美去塑造形态、陈设安放。

一些人会批评良家女子不知羞耻，总是伸长脖子观察名姬的服饰，故而空气中一半的躁动都是名姬引发的。可她们不过是成就文人意趣的"道具"罢了，作用如同一方镜子，怎么就成了原罪了呢？

作儒士打扮的名姬

崇祯四年（1631）刊《青楼韵语广集》第五卷插图局部

🍂 二、明朝时尚界的宠儿

观赏完画轴，李秀才在房中记录见闻。当提及杭州城的时尚，他如此写道："大户人家的奴仆装扮得很华丽，名姬因深谙如何展现女性魅力而成为市井妇女争相模仿的对象。"

（一）金鱼撤杖儿

在寿宴上，女主人发现献唱的卫姬簪着一对别致的金鱼撤杖儿。金鱼撤扙儿属"零碎草虫生活"，是簪中的小件。虽是头面中的配角，但可镶珠嵌宝，奇巧的造型无不蕴含着她玲珑的心思。

名姬的簪钗：翠云钿儿、一对金鱼撤杖儿、一对白玉莲叶簪、一对金镶宝玉梅花簪

（二）黑色，时尚流行色

世纪之交，受欧美时尚的影响，黑色摇身一变成为神秘、青春的代名词，突然流行起来，然而这并不是黑色第一次邂逅中国时尚。早在唐朝天宝年间，长安城就曾狂热地追捧黑色，王公、官吏、平民都争相尝试。原来在传统文化中，黑色并非老气横秋的象征啊。

晚明到清早期的时髦女性也爱黑色和玄色，她们认为最性感的搭配，莫过于玄色或黑色比甲、衫子中透出的大红抹胸。

穿黑色缺胯衫的供养人
公元 910 年敦煌千佛洞第 17 窟壁画局部

穿玄色衫子、大红抹胸、
退红裙的仕女
佚名绘《观舞仕女图》局部

　　色彩是种感觉。记录这些感觉的，自然是文字。古人用玄、缁、黛等字描绘黑色，又用青袍等形容衣衫，并不是为了炫耀学问渊博，而是古代的染料成分和染色工艺令黑色变得五彩斑斓。

　　譬如玄，是古人以红色为底，重复六次相同工序获得的颜色。它黑中泛红，在阳光下尤为明显。缁比玄多加一次黑汁，故色相比玄色深，趋近纯黑。明代民间染色工艺发生变化，以深蓝为底加盖黑或黄，使得玄色色相偏蓝或偏绿。这便是人们称深蓝或者黑中透蓝的衣衫为青衣的原因。至于黛，是制作靛蓝时得到的粉末，可以用来描眉。它的颜色黑中带蓝，肯定不能用偏红的玄来描述。

玄　　　　　　　　黑　　　　　　　　　　石青（趋向黑的深蓝）

（三）湘妃竹泥金面扇儿

1. 分性别的扇子

　　"卖俏哥，你卖尽了千般俏。白汗巾，棕竹扇，香袖儿里笼着。"这首时兴小调唱出了晚明市井风流子弟的时髦装扮：他必定是随身携带着白汗巾和棕竹扇的。

　　卖俏哥的棕竹扇并非是用来招凉扑蝶的团扇，而是折叠扇。男人用折叠扇，女人用团扇，性别差异在一把小小的扇子上也泾渭分明。可为什么这样安排呢？

2. 耍帅的道具

　　"扇子儿，我看你骨格儿清俊，会揩磨，能遮掩，收放随心，摇摇摆摆多风韵。"一句"能遮掩"和"摇摇摆摆多风韵"道出折叠扇的用途——彰显魅力。哪怕大雪纷飞，手中也可拿一把折叠扇，或是半遮面，或是轻抚手掌，或是徐徐摇动。这风度呀，有意无意便展现出来了。总有爱美的女子禁不起时髦的诱惑，鼓起勇气开风气之先河。这使得折叠扇在明中晚期打破性别束缚，成为女子的时髦单品。

手执团扇的仕女
明，仇英绘《汉宫春晓图》局部

3. 挑选折叠扇的小技巧

　　折叠扇样式众多，令人眼花缭乱，该如何挑选呢？可以采用现代衡量奢侈品的标准，按产地挑选。

　　折叠扇以四川产的为最佳，它头顶贡品的光环，令天下人竞相追捧。男主人最钟爱的折叠扇是洒金川扇，常被他带着炫富。苏州扇亦受追捧，只是与川扇相比，它更重书画。顾九的湘妃竹泥金面扇儿便是个中典范。

明，唐寅绘画扇　　　　　　　　　　　　晚明泥金扇

4. 折叠扇的样式和扇坠

　　顾九的折叠扇长约 34 厘米，有 18 根扇骨，由金铰钉穿在一块儿。所有的扇骨均由斑竹制成，轻重厚薄相同，光滑趁手；扇面细细涂满金泥，上面有水墨勾染的湘兰、怪石和苍竹。扇面左侧有苏州名士和的一首诗，无形中抬高了它的价值。

　　扇的大骨上还系了一个扇坠，扇坠上有用白玉雕的比翼鸟，长逾 3 厘米。"在天愿作比翼鸟，在地愿为连理枝。"这扇子连同扇坠，肯定是某位有情人赠送的。

泥金折叠扇和比翼鸟扇坠

第十一章

户外
运动装

场景二十九
男主人和李秀才结伴户外运动

　　三月末，男主人邀请西席李秀才到新置的
庄子上骑射、打球。李秀才以无骑装为由推辞。
哪知过了两日，男主人送来了一顶大帽、一件
玫瑰紫窄袖贴里、一件蜜合色坐马，并小带、
茄袋等配饰。

户外运动装束
玫瑰紫贴里、蜜合色罩甲及绦环

一、户外运动穿什么

（一）罩甲

1. 罩甲的形制

　　罩甲又名坐马，是一种由蒙古人发明的对襟衣。它本是戎装，分金属铠甲和布帛罩甲两种。罩甲的领襟样式有直领对襟、方领对襟和圆领对襟，袖长有短袖和无袖之分。为了方便骑射，衣身两侧及身后开衩，拓宽了身体活动空间。

金属罩甲

明，佚名绘《出警图》局部

缀补的布帛罩甲

明，佚名绘《出警图》局部

布帛罩甲形制示意图

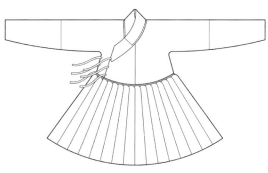

用于骑射的贴里形制示意图

袖子比日常穿的更加紧窄

2. 罩甲不得不说的旧事

　　戎装对普通民众总有莫大的吸引力。正如防水的战壕服摇身一变成为经久不衰的时尚风衣一般，罩甲在明中叶也完成了这种华丽的转身。促成它成功跨界的，是行为有些荒诞的明武宗。明武宗曾穿着黄罩甲于东西两官厅晨夕操练，英姿飒爽的小伙子们在黄罩甲的衬托下男子气概爆棚，征服了京城市民挑剔的心。就像约定好似的，一夜之间大街小巷无不跟风。即便身披锦绣，大家也不忘在外面套个黄罩甲，否则就是落伍。

　　成为时尚教主的明武宗无比骄傲，决定继续为时尚潮流添砖加瓦。每逢巡幸狩猎，他都不忘秀一秀由自己带起来的新潮流。所到之处，官员无不投其所好，穿黄罩甲面圣，力助罩甲长期稳居时尚前沿。

3. 需注意的时髦细节

　　成为时尚流行之后，罩甲褪去了属于军人的硬朗，沾染了世俗的繁华。不妨学男主人头戴缀金帽顶的小帽，穿一件油绿罗褶儿和大红圆领缀方补罩甲。罩甲的领襟上镶青色的缘边，再缀三五对金纽扣。很明显，他是想用大红和金色的热烈华丽碰撞蓝绿色的沉稳素净，以塑造永不过时的奢华。

戴饰金帽顶的小帽，穿大红缀补罩甲、绿色褶儿的富贵男性
汾阳圣母庙壁画《圣母出宫》局部，出自徐麟著《中国寺观壁画经典丛书——汾阳圣母庙壁画》

（二）小带

　　罩甲上需束一条小带，以便携带囊鞬。小带有细有粗，可用丝绳编织而成，通过绦环束在腰间。乍看绦环，感觉和革带带銙"三台"颇为相似，不过它是一个整体，不肖"三台"那般分成三块。穿戴时，需将绦子两端分别固定在绦环背面的圆纽上。也有绦环背面无纽，而是通过背面的带扣或者插座、插销固定小带。还有一类稍显特殊，被分成两个部分，绦环一侧焊接扁环，与小带一端系连；另一侧背面焊接插座，佩戴时将系连着小带另一端的插销插入插座即可。

　　小带上通常会添缀好几根闲绦，有了闲绦，小带就从华丽的装饰变为并不输给蹀躞带的实用品，携带区区弓囊、箭囊，根本不在话下。另有一种鞓带，以皮革制成，带鞓上缀带銙。乍看和常服革带大同小异，只是窄小许多，但它在带銙下附扁环，能够穿系各种饰件。

添缀两条闲绦的小带，
以便携带箭囊和弓囊
明，佚名绘《明宣宗马上图轴》局部

系着茄袋等饰件的鞓带
明，佚名绘《杨洪朝服坐像》局部

镶珠宝云头形金绦环（正面）

镶珠宝云头形金绦环（背面）
出自北京市昌平区十三陵特区办事处编
《定陵出土文物图典》

白玉绦环（正面）

白玉绦环（背面）
通过焊接在绦环背面的带扣固定小带

金镶宝绦环（正面）

金镶宝绦环（背面）
此类绦环依靠插座、插销固定小带
出自北京市昌平区十三陵特区办事处编
《定陵出土文物图典》

二、刀箸叉三事，属于男人的配饰

拴在小带上的物件还可以是茄袋、椰瓢、刀箸叉三事等。它们听上去似乎和女饰中的三事、七事有些相似？的确如此，两者应该有着相同的渊源。

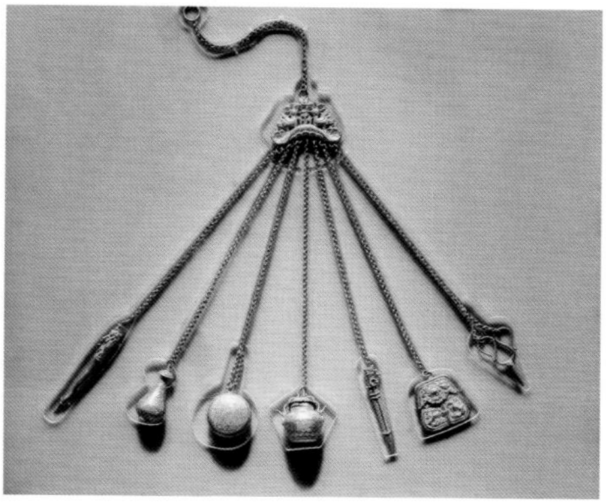

錾花金七事

从右到左的饰件依次为剪、荷包、刀、罐、盒、瓶、觿。万贵夫妇（成化年间）墓出土

核桃蛋摄

《礼记 · 内则》曾记录左右佩用。无论男女，左边均佩带纷帨（擦拭器物的抹布）、刀、砺（磨刀石）、小觿（用象骨制成的解结的锥子）、金燧（取火的铜制工具）等实用工具。右边佩用略有差异，男性携带玦（射箭时钩弦用的扳指）、捍（射箭时用的皮质袖套）、管（笔）、遰（刀鞘），以及不分性别均可佩戴的大觿、木燧（钻木取火用的工具）；女性佩戴箴（针）、线、纩、施鞶帙（盛箴线纩的小囊）、衿缨（香囊）和綦屦（丝鞋）。这大概就是后世频频以实用小工具为装饰的源头。直至明代，人们愈发青睐蕴含吉祥寓意的纹样，化生童子、杂宝、花鸟草虫等题材才成为新宠。

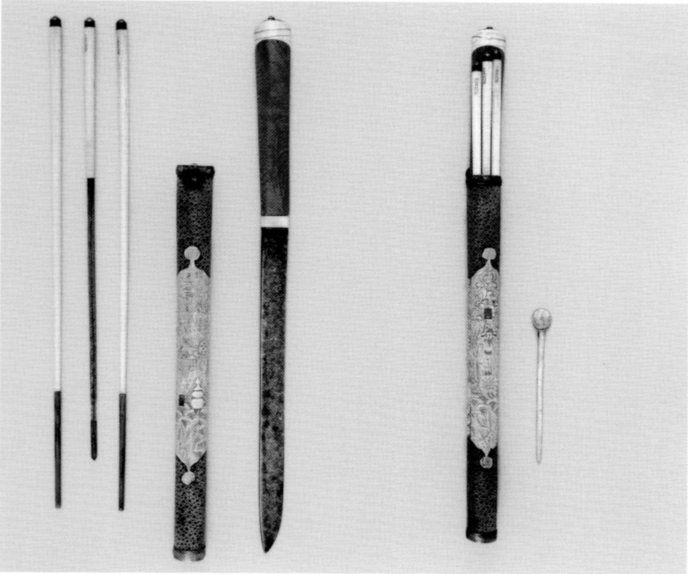

刀箸叉三事

图片由大都会博物馆提供

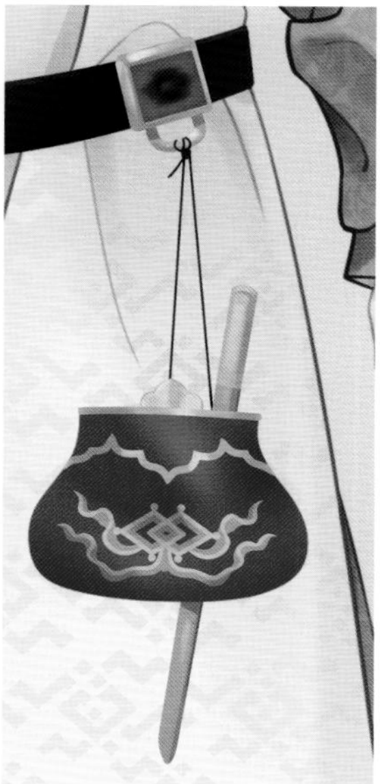

拴在带銙上的荷包和刀箸叉三事

第十二章

未成年人的
发型

场景三十　不开心的男孩子

　　跟男主人和李秀才一起打球的还有男主人的侄儿。他今年十三岁，很是聪明伶俐。作为官宦子弟，他的人生很是顺遂，但现在的表情却是闷闷不乐。

☁ 一、男孩子的发型

（一）十岁前的发型，光头或小辫

　　常言道，人生不如意事十之八九。尚未遇到人生挫折的他却被发型困扰了十年：好讨厌只在头顶留一撮儿毛啊。既然如此反感，为什么不换个发型呢？如果大光头也算的话，他当然换过。可为什么要剃光头呢？是因为大家觉得光头的娃娃像佛子，是很有福气的发型呢。他不是没有抗争过，但最终屈服在剃头匠的剃刀下。七岁过后，他熟练地给几撮儿头发抹上香发木樨油，有时连小帽都懒得戴，风俗的潜移默化真可怕。

头顶梳小辫的男童
明，佚名绘《婴戏图轴》局部

脑后拖一根小辫的男童
明，计盛绘《货郎图》局部

（二）十岁后的发型

1. 发囊

　　十岁过后，他满怀期待地开始留发。此时发囊派上了用场，它会一直陪伴男孩直到成年。发囊的形制很简单。有的会留一两个小孔，供绾髻的簪子穿过。囊的尺寸并无规定，只和发髻的大小有关。发囊的质地随四季更替而变换，夏季用纱，春秋换罗、绢、绫、绸等，冬季就要换成缎了，这点倒和衣衫没什么两样。

戴发囊的少年

2. 奇怪的"河童头"

　　在留发期间，有些人特别喜欢无事生非，完全没有安静度过这段尴尬时期的自觉。他们把头顶的头发剃了，只留周围一圈头发，像个河童一样。这种发型很是奇怪，体面人家的男孩大多都会拒绝。

满头碎发的男童
明，陆治绘《二郎神搜山图》局部

满头碎发的男童
宋，赵佶绘《听琴图》局部

剃掉顶部头发的男童
明，刘向撰、汪道昆增辑《列女传》书中插画局部

3. 男女皆可的发髻

有的男孩不爱戴发囊。他们将发髻裸露在外，额上再系一条网巾边。梳哪种发髻全凭个人喜好，传统的双丫髻、女性的堕马髻都比较受欢迎。堕马髻就是把头发梳拢，盘旋成椎结，自头顶向后垂坠，看起来很是别致。无论梳哪种发髻，男孩们额前脑后都披着软软的碎发，身上散发着膏泽的香气，红红的嘴唇露着一口糯米牙。这大概是男人一生中最可爱的年纪了。

梳双丫髻的男童
明，谢环绘《香山九老图》局部

梳堕马髻的未成年小厮
明万历二十八年（1600）环翠堂刊本
《人镜阳秋》书中插画局部

额上系网巾边的少年
明，谢环绘《杏园雅集图》局部

4. 网巾，成年的标志

在古代，变化的发型令人一生中的三个阶段——幼童、少年、成年人泾渭分明，用来推测身份几乎不会出错。婚姻状况是衡量是否成年的决定性因素。结婚意味着成年，男人会用一顶网巾将头发全部裹好，不将一根细碎的头发搭在额前或是脑后。

成年和婚姻捆绑在一起意味着民间冠礼的衰落。很多市井庶民不会专门举行冠礼，只是在嫁娶的时候，女方遣人替新婿冠巾，男方也会派人替新妇上髻。士大夫

三加用进士巾、蓝罗袍、皂靴、乌角带、槐木笏板
明，佚名绘《于慎行宦迹图》局部，王轩摄

的家庭虽不至于让冠礼和婚礼合并，但也并非严格按照《家礼》执行。他们依旧会用到传统的"三加之服"，即一加用幅巾、深衣、履鞋，二加用儒巾、襕衫、皂靴，三加用进士冠服、角带、靴笏，倒也保留了几分古意。

二、女孩子的发型

（一）十岁前的发型

若说谁比男孩更凄惨，我们可以毫不犹豫地把票投给古代的女孩子。在百日命名后，她们也会和男孩一样被剃掉所有的胎发，露出皴青的头皮。待长大一些，他们会在头两侧或者头顶留一两撮儿头发，用红丝绳扎几个发髻。为了和男孩区分，有的女孩会系一寸多宽的小头箍。

系小头箍的女童
宋，佚名绘《冬日婴戏图轴》局部

仅留两撮头发的女童
《明宪宗四季赏玩图》局部，松松发文物资料君摄

（二）十岁后的发型

十岁以后，女孩开始留发。这意味着女孩需要注意"男女大防"了。不过也有好处，那就是可以梳各种漂亮的发髻。晚明时期，越来越多的少女不满足于盘传统的楂髻，争相效仿成年女性梳堕马髻。若不是额前脑后披着的碎发，在鬏髻渐渐衰落的时代，未成年人和成年人日常装扮的界限只怕越发模糊了。

（三）许嫁后至结婚前的发型

十五岁是城里女孩许嫁的年龄。她们纷纷在发髻外罩上云髻，等待父母替她们安排一桩婚事。除了用作日常装束，云髻也是女孩盛装的基本组成。一些容貌姝丽的年轻女婢被富贵人家买去做妾，过门时也会戴云髻，和三媒六聘的新娘、再嫁的寡妇很不相同。

额前、脑后披碎发的少女
清，佚名绘《仕女图》局部

致我的同好们

探索明代服饰是一件困难的事情。我和你们一样，是从古籍和考古报告开始的。然而它们带给我的，除了枯燥无味还有雾里看花。因为服饰从来都不是独立存在的，它的背后往往隐藏着大量社会因素。只有学会借用古人的视角，从他们的价值观和审美出发，联系当时的社会大环境，才能有比较深入的理解。

自踏入这个领域开始，就绕不开明朝的开国皇帝朱元璋亲自参与建设服饰制度这个史实。很多人看到"悉命复衣冠如唐制"，想当然地认为朱元璋端起了考古工作者的饭碗，兢兢业业复原古装。然而真相并非如此。那么，他提出"复衣冠如唐制"的真实意图是什么？颁布衣冠制度的理由又是什么呢？很多人会忽略这个细节，故而错过解开古代服饰核心秘密的机会，因此也就很难把握它的脉络。

在探寻的过程中，我准备了一根软尺。倒不是要学习裁剪，而是方便随时测量，以便对文献资料中的数据有直观的感受。比如某件女纱衫长 124.5 厘米，腰宽 58.5 厘米，袖宽 55.5 厘米，通袖长 247.5 厘米，这些精确的数据到底有什么用呢？

我不是专业学者，只是通过长时间的自学摸索出自己的思考路径：

1. 衣服的主人到底是谁？她的身份和婚姻状况是怎样的？

2. 衣服的用途是什么？是礼服还是日常生活中的便服？

3. 衣服应该搭配哪些首饰、配饰？

4. 衣服的尺寸这么大，上身后的轮廓是怎样的？穿着如果不显身材，那么是想突出什么？

5. 它的风格与其他朝代的相去甚远，到底是何种力量改变了它的模样？这种改变是否体现女性有了更多思考能力？

你看，小小一件衫子竟然隐藏了那么多故事，这太值得我们深入挖掘了。

我想把这些有趣的东西分享给大家，于是接受了做明代服饰科普研究的挑战。不过挑战带来的兴奋并不足以消除我的忐忑，毕竟分析明代服饰的学术著作和科普文章实在是太多了。其中不乏经典作品，比如扬之水老师的《奢华之色——宋元明金银器研究》、孙机老师的《中国古代的带具》《明代的束发冠，䯼髻与头面》、赵丰老师的《中国丝绸通史》、巫仁恕老师的《明代平民服饰的流行风尚与士大夫的反应》、撷芳主人的《大明衣冠图志》，都令我受益匪浅。

在很偶然的情况下，我阅读了柯律格教授的《明代的图像与视觉性》以及巫鸿教授的《中国绘画中的"女性空间"》。我第一次意识到物质与时代背景不可割裂，懂得了选题角度的重要性。于是我豁然开朗，开始尝试从新的角度去看风景。这个探索过程肯定不太顺利，甚至很长一段时间都没什么收获，但最终突破自我的感觉实在太美好了。

我不敢说这种自我突破很新鲜。一个爱好者眼中的"新"在学界可能早就是老生常谈了。即便如此，站在学者的肩上向大众传递一点自己的见解，打破学术与大众之间的藩篱，仍然是一件很有意义的事。愿我们共勉。

著者　陆楚翚

2022 年 4 月

重温明代衣冠之美！